U0170687

蟹棹黌帆
儼若扁舟逐浪
蜃市魚井
恍疑萬灶沉淪

中国国家地理·图书
CHINESE NATIONAL GEOGRAPHY

海錯圖笔记 叁

张辰亮 著

中信出版集团 | 北京

目录

LEICA
M6

序　一场艰苦的《海错图》攻坚战

《海错图》成书于清康熙年间，是浙江人聂璜绘制的一部海洋生物图谱。聂璜把他在中国沿海亲眼所见、亲耳所闻的海洋生物都画进了这部图谱。书中记载亦真亦假，妙趣横生。清雍正年间，此书传入宫中，深受历代皇帝喜爱。现第一、二、三册藏于北京故宫博物院，第四册藏于台北“故宫博物院”。

初中参观故宫时，我第一次看到了《海错图》原本，感觉非常有趣，在心中埋下了种子。2014年，我开始系统地了解这部书；2015年，正式考证书中的生物；2016年出版了《海错图笔记》；2017年出版了《海错图笔记·贰》。按这个节奏，《海错图笔记·叁》本应该在2018年出版，然而现在已经是2019年了。

是我拖稿吗？不是，是前两本写得太快了。写第一本时，春节假期我连串亲戚都没去，坐在书房从早写到晚。写第二本时，正赶上女儿出生，写到半夜我还要去哄哭醒的娃，把她哄睡着了接着写。第二册出版后，我感觉身体状况特别差，于是和图书编辑说：海错·叁我得缓缓了。

除了需要调整身体状态，还有一个原因，是《海错图笔记·叁》里有一堆难啃的“骨头”。写第一册时，我都挑简单的写。第二册挑战了一些有难度的物种。到第三册，那些考证困难的物种，已经不能再拖下去了，必须解决掉。这是需要时间的。有些问题不是多看两本书就能解决的，必须自己亲手去做。

聂璜在书中随口提了一句“鳓鱼的头骨能拼成一只鹤”，我就花了半年的时间挖掘鹤的拼法，寻找手艺精湛的鱼骨标本制作者，复原拼鹤的全过程。聂璜画了一种长“小翅膀”的蚶，我在微博上意外发现线索，用了一年的时间，在福建找到了这种蚶，拿到实验室进行分子鉴定，才搞清它的真相。“鹿鱼化鹿”那张图，是我在美国看到一只野生的马鹿时才产生的灵感。

傅斯年说，研究历史要“上穷碧落下黄泉，动手动脚找东西”。这两句话说起来容易，做起来难。这些年我见过太多的所谓“考证”，都是东抄西抄，列举了一堆古籍，显得旁征博引似的，其实呢，别说自己亲自调查了，连抄的论据自相矛盾都看不出来。尤其是博物学考证，如果作者本身没有自然科学基础，考证出来的东西往往漏洞百出。为了不让自己的书成为这样的作品，我就得花更多的精力。

在第一册里，我写了30篇文章；第二册里有24篇；第三册只有20篇，但这并不是偷懒，而是每篇文章里考证了更多的物种数。第一册，我考证了38幅《海错图》原图（首印时是36幅，重印时多加了2幅），第二册考证了40幅，第三册考证了63幅，而且第三册每篇文章的字数比前两册有显著增加，你读了就知道了。考证的物种多了，考证难度大了，要说的话自然也就多了。

另外，台北“故宫博物院”在2017年免费公开了《海错图》第四册的全部影像版权，这是功德无量的事，于是我在《海错图笔记》第三册里考证了一些台北《海错图》中的物种，让两岸的海错尽量团聚。

这次，我依然请了自然插画师为文章绘制插图，有不少插图堪称精品，像蟹箭的结构图、东方苍龙的星象变化，之前从未有人画过如此详细的讲解。感谢画师们的妙笔！

出书之后，我才知道什么是众口难调。第一册的装帧方式是裸脊线装，很多人反映：“怎么没书脊？”于是第二册换成了圆脊精装，又一堆人说：“第一册装帧多好啊，古香古色的。”有的读者评价内文：“通俗易懂，好看！”有人就说：“怎么都是大白话？为什么不是《水经注》那样的学术著作？作者竟敢加入自己的心得体会，还吐槽聂璜，太不尊敬了！”实在闹不清楚哪种才是客观评价。后来我也想明白了，别纠结于具体的评价，得看整体效果。

《海错图笔记》和《海错图笔记·贰》得了不少奖：中国自然好书奖、2017年度“大众喜爱的50种图书”、文津图书奖推荐图书、吴大猷科学普及著作奖，我被评为中信出版社的年度作者和最受欢迎作者……在电商平台上，这两本书的销量常年位居科普类前几名，豆瓣评分也都是8分以上。这就够了，说明我的方向没有错。最重要的是，考证《海错图》是我的爱好。只要自己喜欢干，大部分人又认可你，那为什么不继续干下去呢？

张辰亮

2019年8月8日

第一章 鳞部

珠皮鯊贊

紅背珠皮，寔飾刀劍。
誤指為鯊，前人未辨。

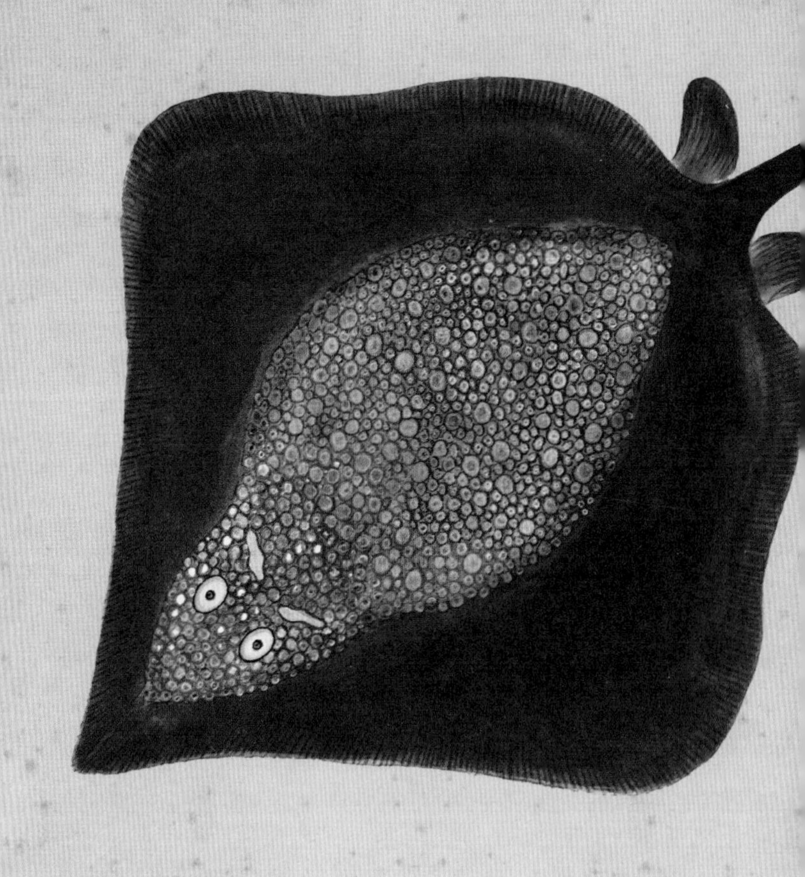

【珠皮鲨、海鳐、锦魟、黄魟】

魟背珠皮，误指为鲨

『绿鲨鱼皮鞘，金吞口，金什件，杏黄挽手，剑把飘摆红灯笼穗……』说评书的常常这样描述大将的宝剑。绿鲨鱼皮鞘是古代兵器常用的配件，但它却并非来自鲨鱼，而来自另一类鱼，它们和鲨鱼长得一点都不像。

海鱼似鳖，无足有尾

一

在现代的字典里，鲛就是鲨鱼。清代也如此释义。但聂璜发现，宋代《尔雅翼》对鲛的解释是“似鳖，无足，有尾”，似乎不像鲨鱼。像什么呢？聂璜一眼看透：“此正魟状也！”

魟（音hóng），在今天指的是软骨鱼纲鲼目魟亚目的成员。它和鲨鱼都由同一个祖先——三叠纪下期的弓齿科鱼类演化而来，所以和鲨鱼关系很近。但二者的区别也是显而易见的：鲨鱼往往是瘦长体态，有尾鳍；魟鱼则是一个菱形的大扁片，后面往往没有尾鳍，而是一根鞭子一样的尾巴，尾上有毒针。

聂璜说：“魟鱼，《尔雅》及诸类书不载，韵书亦缺，盖其字不典，不在古人口角也。”这么说也对，也不对。

对的是，魟字确实出现较晚，汉朝的《说文解字》里尚无此字，被广泛使用时，已经是明清时期了。不对的是，虽然早期记载少，但也没到“诸类书不载，韵书亦缺”的程度。在南朝梁时期的字典《玉篇》、宋代的韵书《集韵》《广韵》里都有魟字。唐代《酉阳杂俎续集》有“黄魟鱼，色黄无鳞，头尖，身似大槲叶，口在颔下”的描述。就连聂璜在《海错图》中经常引用的清代字书《正字通》里也有对魟的介绍。

为什么这么多记载，聂璜都没看到？实在令人不解。

日本江户时代《梅园鱼谱》中的魟鱼，似鳖、无足、有尾、有毒针的特点展露无遗

日本江户时代《梅园鱼谱》中的这两条鱼，为同一种类，外形明显是虾虎。作者毛利梅园在旁注上了「鲨鱼」「虾虎鱼」「鮀鱼」「沙吹」等中国古籍中的名字，以示传承关系

清嘉庆六年影宋本《尔雅音图》里的鲨鮀，明显生活在淡水里，形似虾虎

鲛鲨之辨 ㈡

唐宋以前的中国，极少出现“魟”字，因为当时人们使用的是魟鱼的另一个名字——鲛。

《说文解字》中虽没“魟”字，却有“鲛”字：“鲛，海鱼，皮可饰刀。”晋朝郭璞说：“鲛……皮有珠文而坚，尾长三四尺，末有毒，螫人，皮可饰刀剑口，错治材角，今临海郡亦有之。”《唐本注》说鲛“出南海，形似鳖，无脚而有尾”。《蜀本图经》说：“鲛鱼，圆广尺余，尾长尺许，惟无足，背皮粗错。”

形似鳖、身体圆广、尾巴长、背上皮肤粗糙、尾上有毒针，明显是魟鱼。所以，“鲛”这个字，虽然现在指鲨鱼，但最初指的是魟鱼。

有意思的是，早期的“鲨”字指的也不是鲨鱼。三国时的陆玑给《诗经》作注时说：“鲨，吹沙也。似鲫鱼，狭而小，体圆而有黑点，一名重唇钥。鲨常张口吹沙。”明代方

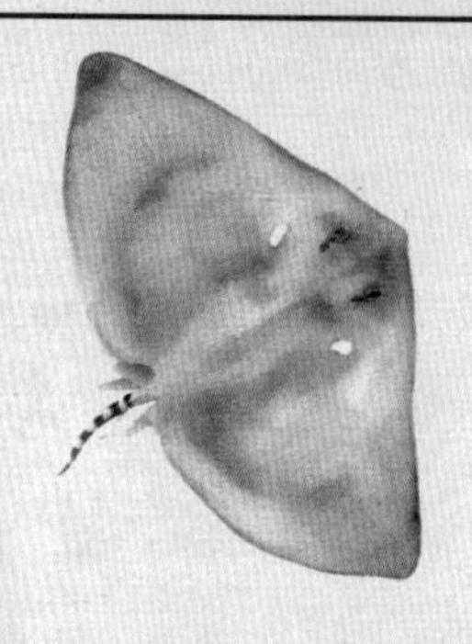

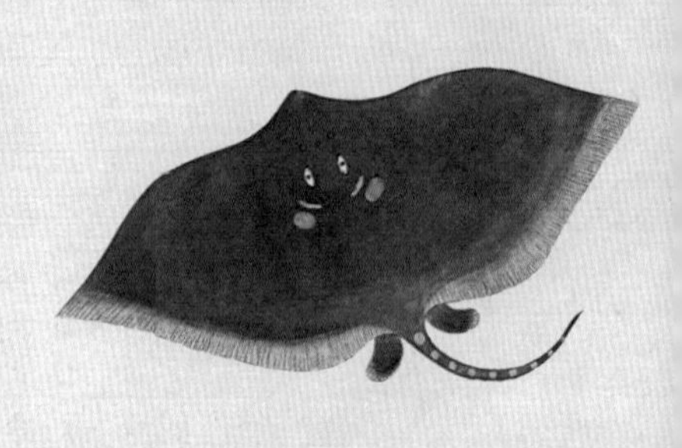

《海错图》里的「海鳐」（右），描述为「其形如鸮，两翅长展而尾有白斑」，且眼后喷水孔旁有两个白点。这些都和东海、南海里的双斑燕魟（左）（*Gymnura bimaculata*）完全符合

以智补充："此实是吹沙小鱼，黄皮有黑斑文，正月先至，但身前半阔而扁，附沙而游……余乡至今呼为鲨鮀。"康熙《上海县志》记载："鲨鱼，吹沙而游，咂沙而食，体圆似鳝，厚肉重唇，其尾不歧。"清嘉庆六年（1801年）影宋本《尔雅音图》中有一幅"鲨鮀"图，鲨鮀的周围又是芦苇，又是菱角，又是金鱼藻，明显是淡水环境。

由此可见，早期的"鲨"是一类淡水鱼，它贴在沙底游泳，嘴唇厚，个子小，有黑斑，尾鳍不分叉，还会吹沙子，这应

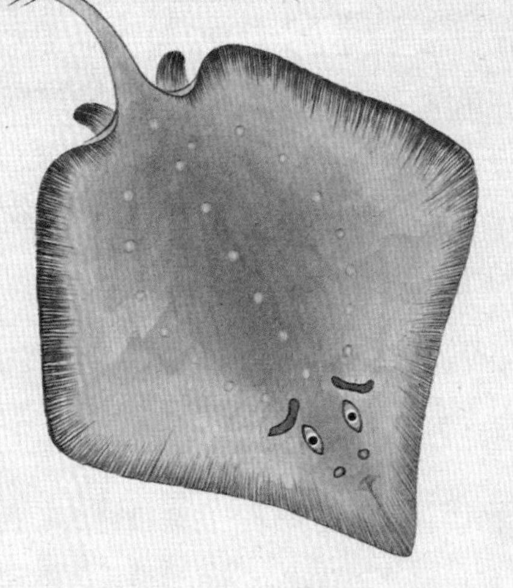

《海错图》里的「锦魟」（右），描述为「背有黄点斑纹，如织锦」。福宁州志有锦魟」。这种斑块状的花纹，属于黄线窄尾魟（*Himantura uarnak*），曾用名「花点魟」（左），是中国体型最大的魟。2016年5月5日，厦门渔民捕获了一只黄线窄尾魟，它长近4米，重300斤

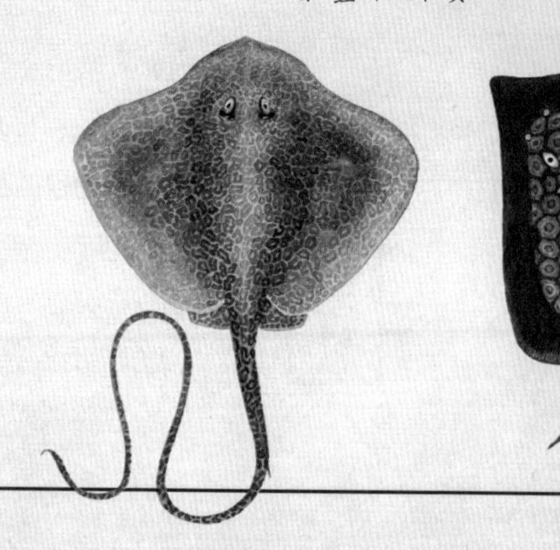

《海错图》中的「黄魟」，尾上画了两根毒刺。聂璜说：「其毒刺螫人，身发寒热连日，夜号呼不止。以其刺钉树，虽合抱松柏，朝钉而夕萎。」渔人捕得魟鱼后，会先「摘去毒刺，投于海」。他甚至说，「黄蜂尾上针」是内陆人的错误说法，正确的应该是「黄魟尾上针」

该是虾虎鱼了。在鱼类爱好者中，有一批人格外喜欢虾虎，我就是其中之一。我养了好几年的虾虎，养这东西的一大乐趣就是看它筑巢。虾虎会找一块大石头，在下面挖出个洞来。挖法是用嘴含住一口沙子，然后游到远处吐出去。这就是“吹沙”。

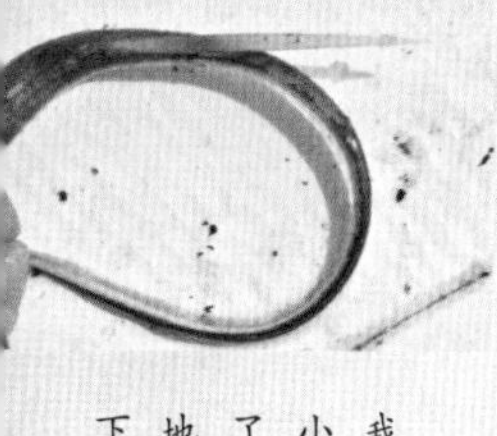

我乘坐婆罗洲的一艘小船，在河口处捞到了一只魟鱼。我小心地按住它的尾巴，拍下尖锐的毒刺

而今日中国人所说的鲨鱼，早期是写作“沙鱼”的。因为它浑身覆盖着细小的盾鳞，摸起来有沙子质感。而虾虎（鲨）会吹沙，魟鱼（鲛）后背粗糙似沙子。这三类动物都和沙子有关，于是被混杂在一起。到最后，沙鱼、鲨鱼、鲛三个名字全部指海中张着血盆大口的鲨鱼，另两位竞争者失去了冠名权，吹沙小鱼“鲨”只好改称虾虎，扁平似鳖、长尾、有毒针的“鲛”则改称魟鱼。

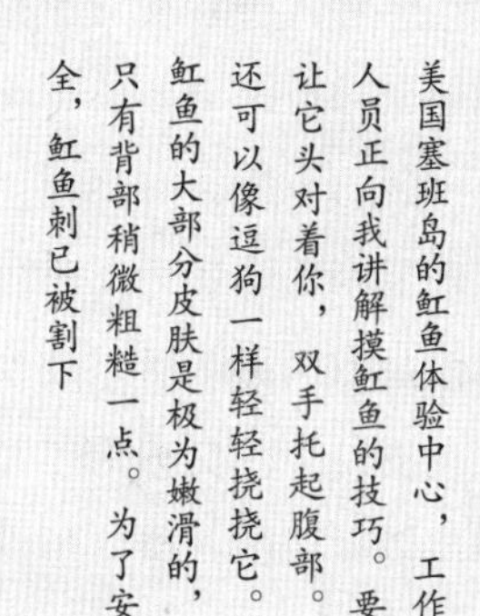

美国塞班岛的魟鱼体验中心，工作人员正向我讲解摸魟鱼的技巧。要让它头对着你，双手托起腹部。还可以像逗狗一样轻轻挠挠它。魟鱼的大部分皮肤是极为嫩滑的，只有背部稍微粗糙一点。为了安全，魟鱼刺已被割下

褐吻虾虎正在不断吞沙、『吹沙』，做一个栖身之所

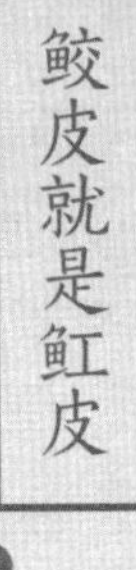

鲛皮就是魟皮（三）

我们回到魟还叫“鲛”的时代。一些大型的魟，后背的皮非常坚韧，而且鱼鳞很有特色：像一粒粒珍珠，互相挤在一起，但谁也不压着谁。这种鳞，既好看，又不易脱落，摸起来细腻里带着点摩擦力，简直是上好的皮革材料。

从《说文解字》中可以看出，汉朝已经开始用魟皮包裹刀鞘和刀把了。唐代《通典》记载，沿海的临海郡、永嘉郡、漳浦郡和潮阳郡都有“鲛鱼皮”上贡，能看出当时的兵器界很需要它。唐代一定造出了不少精美的鲛皮大刀。

其中有一把，被遣唐使带回了日本，收藏在奈良东大寺的一个著名仓库——正仓院中。这个仓库很神奇，唐朝的东西存到现在，还跟新的一样。这把刀现在被称为“金银钿装唐大刀”，日本人将其奉为国宝。在它的刀把上裹着的就是鲛皮。

日本人至今还管魟鱼皮叫鲛皮，在这一点上保留了中国的古意。但是中国由于后来鲛改指鲨鱼，所以鲛皮就跟着改名叫“鲨鱼皮”了。又因为工匠往往把皮染成绿色，就成了今天评书演员常说的“绿鲨鱼皮鞘”了。其实这皮还是魟鱼皮，跟鲨鱼没关系。

正仓院藏『金银钿装唐大刀』的刀柄被魟鱼皮（鲛皮）包裹，中央还有几粒大圆鳞，证明这块皮取自魟鱼后背中心部位

聂璜认识到了这一点。他说："珠皮魟，大者径丈，其皮可饰刀、鞬（马上的盛弓器），今人多误称鲨鱼皮，不知鲨皮虽有沙不坚，无足取也……昔人尝执'鲛鲨'二字以混魟鱼，致使诸书训诂一概不清，每令读者探索无由，多置之不议不论而已。"

为了正本清源，他在《海错图》中画了一条后背上布满了珠状颗粒的魟鱼（真实的魟鱼后背上的颗粒没有他画的那么大），并配了一首小赞：

魟背珠皮，
实饰刀剑。
误指为鲨，
前人未辨。

然而他把这首赞的题目写成了《珠皮鲨赞》。明明自己前文写的是珠皮魟，写这首赞也是为了正魟之名，结果又写成鲨了。我怀疑他当时脑子已经乱了，鲨啊魟啊的，写错了。

一块完整的魟鱼皮。两侧的鳍被砍去做食物，所以皮张显得较窄

鱼皮上的『眼睛』

四

虹鱼皮现在用在三个方面：装饰刀剑、做皮具和磨山葵。吃刺身时，很多人常用超市里卖的牙膏状“绿芥末”作配料。仔细看配料表，其实那大多是由一种廉价植物“辣根”做的。真正讲究的刺身餐厅不用辣根，用的是山葵，这是一种水生植物，日语念“wasabi”。吃法是把茎磨成泥。用什么磨？一个贴着魟鱼皮的木板。日本人叫鲛皮，中国人往往把它误译成鲨鱼皮。

现在中国皮具界管魟鱼皮叫“珍珠鱼皮”，总算跟鲨鱼不混淆了。不过，皮具界也有真正的鲨鱼皮。我写此文时，托朋友问一位做皮具的人，鲨鱼皮和珍珠鱼皮有什么区别？那人说：“就跟你和新垣结衣的区别一样大（我朋友是个一米八的西北大汉）。”接着他发来一张鲨鱼皮钱包的图。皮的表面有一道道沟壑，也没有珍珠颗粒，和魟鱼皮天差地别。

用鲛皮（魟鱼皮）做的磨山葵的工具

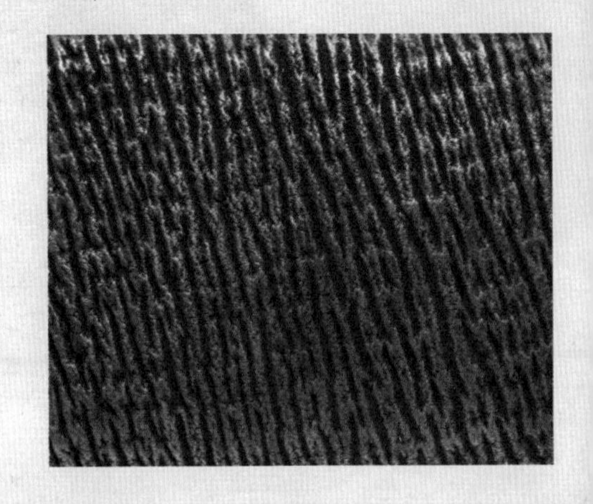

真正用鲨鱼皮做成的皮革沟壑纵横，且没有珠鳞

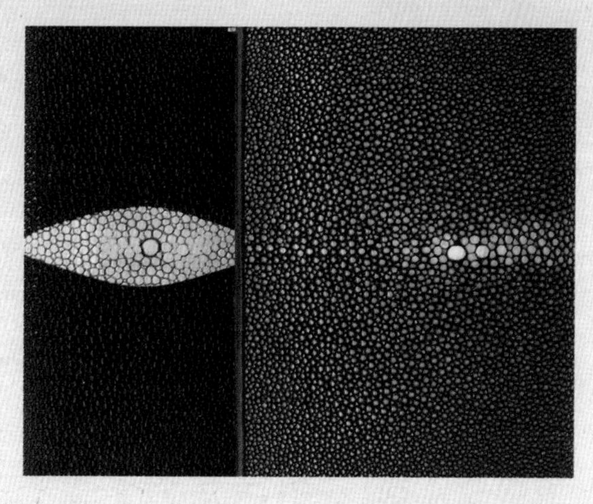

魟鱼皮表面覆盖着珠粒状的小圆鳞。在普吉岛的商店里，我找遍全店才寻得一个天然花纹的魟鱼皮钱包（右）。把它和人为加上白色眼斑的魟鱼皮钱包（左）对比，就能看出那些天然的大珠鳞是多么自然美丽，人造眼斑是多么匠气

市面上用魟鱼皮做的皮具，正中央区域往往有一个清晰的眼状白斑。这似乎成了一个标志，如果哪家皮具厂的魟鱼皮制品没有这个眼斑，会被顾客怀疑是假货。其实这个眼斑是人为加上去的，魟鱼原本没有这个斑，只在脊梁中央处有几粒格外大的珠鳞。它们组成了一个松散的眼状区域，这是魟鱼皮最好的一部分，所以工匠都喜欢把这个区域放在皮具中央，既美观，又是品质的象征。正仓院那把唐大刀的刀把中心，就能看到这几粒大鳞。

后来，皮具商为了强调这个区域，就在鱼皮染色后，再把中央磨掉颜色或染成白色，造成一个边缘清晰的惨白眼斑。这种画蛇添足的匠气，毁掉了鱼鳞天然的排列美。但这种风格却成了主流。2018年我去泰国普吉岛，看到商店里卖的珍珠鱼皮钱包，99%都有这种人造眼斑。在写此文找资料时，我发现有一个厂子不愿做这个眼斑，于是不断被顾客质疑真假。老板不得不找来一条死魟鱼，手指着鱼背拍下视频，放到网上："看，这儿并没长着一个天然的眼斑！"

福州志曰鰈魦魚名雖異而形則同而世俗則因爾雅翼之說而曰比目魚今觀魚形與載籍所識不謬但郭景純所稱半面無鱗及一魚一目之說則訛今此魚兩面皆有鱗一面皆兩目郭註爾雅似未見真魚而擬議得之張漢逸曰此魚不比不行必有兩身然市此者從不見有兩魚並鬻類皆大小不等且兩目皆一面在生而無兩目右生者比翼之鳥雖有其名罕有見者比目之魚豈尋常可見者時世俗妄指箬魚而誤認之耳豈其然哉予謂是魚體薄一片又似不能獨遊而且竝遊則目偏扁遊則口偏苟無相偶造物者曷如是付畀之不全乎質之漁人曰是無吾閩中官名原曰鰈魦土名則又曰搭沙在深水想非兩身不能並遊及入海岸淺處多係一片貼沙而行故曰搭沙似乎或分或合故可一可二予謂此魚凡網中所得其目皆係一面左生何以合遊漁人曰目在一面誠然其合體而遊或一口向上一口向下則魚目雖在一面而仍分於兩旁未可知也漁人懸擬亦近理然終無確憑今考閩志鱗介條下鰈魦之外又有比目夫使鰈魦既即比目矣又安得更有比目之名張漢逸曰然則鰈魦非比目也明矣故各省志書雖有異名亦不曰比目予昔於福州實見有一種魚似鯢魚狀而甚匾吾閩中呼此為比目魚乃真比目也但未獲圖其形姑存其說以俟辨者

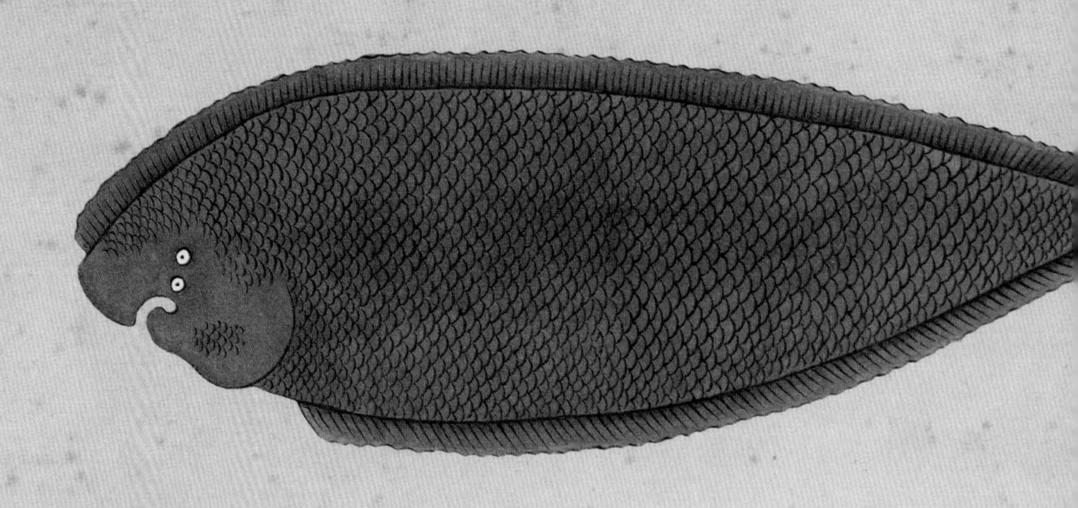

箬葉魚贊

魚狀既異
魚名亦多
俗稱比目
誰辨其說

【箬叶鱼、真比目鱼】

鲆鲽鳎沙，真成比目

传说在海中，两条比目鱼会合体成一条鱼游泳。是真的吗？为了考证它，聂璜上下而求索。

博物志云比目魚两魚並合乃能進彙苑云比目

天有比翼鸟，海有比目鱼

一

“东方有比目鱼焉，不比不行，其名谓之鲽（音dié）；南方有比翼鸟焉，不比不飞，其名谓之鹣鹣（音jiān）；西方有比肩兽焉……其名谓之蟨（音jué）；北方有比肩民焉，迭食而迭望；中有枳（音zhǐ）首蛇焉。此四方中国之异气也。”

这是中国最早的词典《尔雅》记载的5种怪物。其中，比肩兽、比目鱼、比翼鸟、比肩民，全是同样的结构：每个个体只有一半身子，无法行动。只有和另一位镜像的同类合并在一起，才能走、能飞、能游泳。而枳首蛇正相反，它不用合体，自己就有两个脑袋，头部一个，尾部一个。但这俩脑袋偏又不和美，总在“自相啄啮”。

清嘉庆六年影宋本《尔雅音图》中的比肩兽、比目鱼、枳首蛇、比肩民、比翼鸟

雄性红腹锦鸡完全符合古籍中『鷩雉』的形象：冠背毛黄、腹下赤、项绿色、多力善斗

不少人都试图对这5种怪物作出考证。比如历史学家邓少琴发现，西晋刘逵有“今所谓山鸡者，鷩蛦（音bì yí）也，合浦有之”的记载。鷩蛦既然是山鸡类，就很可能是《尔雅》里记载的“鷩雉”。鷩雉的形象是“似山鸡而小，冠、背毛黄，腹下赤，项绿色”，这种毛色和中国的著名鸟类——红腹锦鸡完全吻合。邓少琴认为，鷩蛦和“比翼”发音近似，就说“我疑比翼即蟞蛦，蟞蛦为当地旧称，而比翼为汉义译名”，把比翼鸟鉴定为红腹锦鸡。但这无法解释比翼鸟“外形似凫（野鸭）”“其名谓之鹣鹣”等特征。

相比起来，我更倾向于华东师大尹荣方教授的看法：这5种怪兽，更像是对某幅古图的描述。这幅图在不同的位置画了几个两两重叠的动物，可能有某种抽象含义，比如寓意“相扶相助才能上天入海，互相争斗只能自取灭亡”之类。但《尔雅》的作者面对此图时，已不知其原始含义，只能看图说话，当作异兽来描述了。

这幅古图就算真的存在，也早已湮没无闻了。后人根据《尔雅》的文字，重绘了它们的图像。在清嘉庆六年（1801年）影宋本《尔雅音图》里，除比目鱼之外的其他4个形象都相当平庸，没有特点，明显是画师在现实中找不到原型来参考。只有比目鱼这幅，鱼鳍围绕身体一圈，鱼体呈水滴形，和一般鱼形不同，似有所本。再翻《海错图》，竟和其中的一幅“箬叶鱼”酷似。难道比目鱼的原形就是箬叶鱼？

对海鲜达人的怀疑（二）

在这5种异兽中，唯有比目鱼是有现实生物对应的（虽然未必是原型）。自《尔雅》中出现比目鱼以来，中国人一直把海中的一类鱼称为比目鱼。此鱼身体是个扁片儿，像包粽子用的箬竹叶子，所以也叫箬叶鱼。为《尔雅》作注的郭璞说："比目形如牛脾，身薄鳞细，紫黑色，半面无鳞，一鱼一目……"牛的脾脏又长又扁，与箬叶鱼极似，算是坐实了"比目鱼=箬叶鱼"的说法。

聂璜所在的清代东南沿海，也有箬叶鱼。聂璜把一条箬叶鱼放在面前，看看鱼，看看书，还挺像比目鱼的。但是他发现郭璞所称的"半面无鳞"及"一鱼一目"之说是错的。眼前这条鱼明明"两面皆有鳞，一面皆两目"。"一面皆两目"的意思是这条鱼有两只眼睛，但两眼全长在鱼的同一侧。所以聂璜认为"郭注《尔雅》似未见真鱼而拟议得之"。

聂璜的朋友张汉逸是个海鲜达人，聂璜常向他请教问题。在比目鱼的问题上，张汉逸认为古籍不会骗人，比目鱼一定是两鱼并在一起游泳的："此鱼不比不行，必有两身。"但这次聂璜不敢苟同了。他琢磨，如果两鱼真能并在一起的话，必然一条的眼睛在左侧，另一条在右侧，而且每鱼各一只眼为宜，

箬竹是一种叶片宽大的竹子，模式产地在中国，其叶片常被用来包粽子

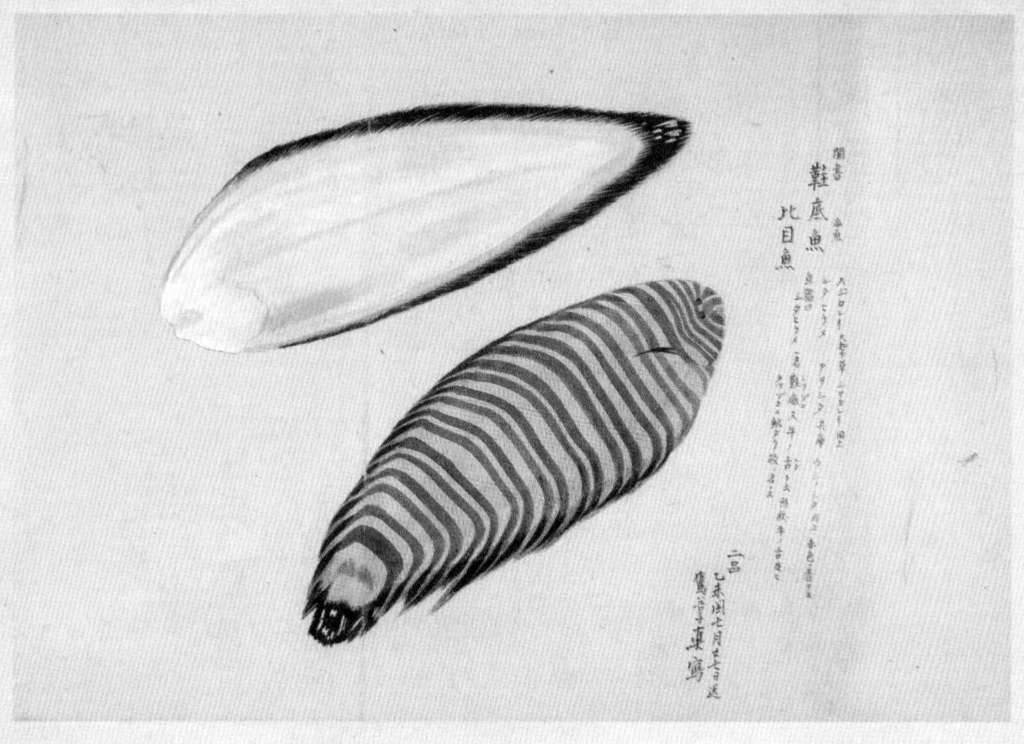

日本江户时代《梅园鱼谱》中的一种条鳎。作者画出了此鱼的正反两面。鳎亚目的胸鳍大多退化或消失，条鳎的右胸鳍尚比较明显，呈细丝状。贴沙一面的左胸鳍几乎消失殆尽

而我面前的鱼明明每条是两只眼，那拼起来后岂不是四只眼了？就算四只眼可以接受，但是市场上从来没见过两条箬叶鱼严丝合缝拼在一起卖的，而且市场上的个体“两目皆一面左生，而无两目右生者”。每条箬叶鱼的眼睛全长在左侧，那右半边鱼去哪了？怎么往一起拼？

聂璜开始怀疑，传说中的神物比目鱼难道真的是箬叶鱼这种市场大路货？他记下了自己复杂的心理活动：“比翼之鸟，虽有其名，罕有见者。比目之鱼，岂寻常可见者？时世俗妄指箬鱼而误认之耳，岂其然哉？”但箬叶鱼若不两鱼并合，似乎又确实无法游动：“是鱼体薄一片，又似不能独游，而且竖游则目偏，扁游则口偏。”聂璜实在想不明白，发出天问：“苟无相遇，造物者曷如是付畀（音bì，给予）之不全乎？”（如果此鱼不用拼合就能独游，造物者又为什么赋予它们残缺不全的身体呢？）

渔民的脑洞（二）

只剩一条路：问渔民。

聂璜来到海边，渔人告诉他："（箬叶鱼）在深水，想非两身不能并游，及入海岸浅处，多系一片贴沙而行，故曰搭沙。似乎或分或合，故可一可二。"这位渔民亲眼见过箬叶鱼在浅水中独自贴着沙底游泳，箬叶鱼的俗名"搭沙"正是由此而来。

然而在深水中如何，渔民就不知道了，只能猜：可能在深水中是两鱼并游的，到浅水里要再并着游，脊背就该露出水了，所以才分开，各自贴沙而游。

聂璜又问："此鱼凡网中所得，其目皆系一面左生，何以合游？"渔人曰："目在一面，诚然。其合体而游，或一口向上，一口向下，则鱼目虽在一面，而仍分于两旁，未可知也。"我看到这时都乐了，这渔民真有创意，为了让鱼眼分列两侧，不惜把其中一条鱼调个个儿，改成仰泳，这拼得也太敷衍了吧！

聂璜也觉得渔民这种猜测"终无确凭"。这时他突然想起，当年在福州见过一种鱼，"似鳖鱼状而甚扁。吾闽中呼此为比目鱼，乃真比目也"。可惜他当时没把它写生下来。

意外之喜

四

然而在《海错图》的另一幅“真比目鱼”图旁，聂璜兴奋地说：本来我图都画完了，“正苦欲一真比目而不可得”的时候，回到了老家钱塘（今杭州），留宿在江上的青梵庵。有个叫董吉甫的人用箬叶鱼招待我，我就跟他聊起比目鱼的事。谁知董正好知道！他说：“箬鱼与比目，两种也。箬鱼长扁而二目，网中所得不成双。比目两鱼各一目，身阔尾圆，色味鳞翅并与箬同。”说完，董吉甫给聂璜画了说明图。

原来箬叶鱼不是比目鱼，真比目鱼长这样！聂璜一块心病终于消了，他把图精心重绘一遍，长叹：“嗟乎！比目既为世所希见，真假之不辨者久矣。今存其图与说，世有张华、杜预（二者皆为博学者）其人，定当为之击节而起！”

聂璜根据董吉甫的描述绘制的『真比目鱼』图

谁是真比目鱼？

五

聂璜认为自己纠正了一个历史性大谬，并且觉得这个问题已“毋庸再惑”，但在我看来，他依然没把问题处理干净。

首先，把《尔雅》里一个语焉不详的“比目鱼”词条，硬要找出一种现实中的鱼类原型，并且这种鱼还得完全符合传说中不靠谱的描述，本来就是“强鱼所难”。“一鱼一目，不比不行”的生物，是不存在的。董吉甫给聂璜画的那个鱼，自然也是夸张失真的。当然它也有原型，我们后面再说。

聂璜把传说中的“一鱼一目”当成重要鉴定特征，从而否认了箬叶鱼是比目鱼，也是不对的。虽然比目鱼源于传说，但它在现实生活中早已变成了海中这些身体扁平、眼在一侧的鱼类的统称，箬叶鱼自然也算是一种比目鱼。今天的鱼类学里，比目鱼泛指鲽形目的所有鱼类。

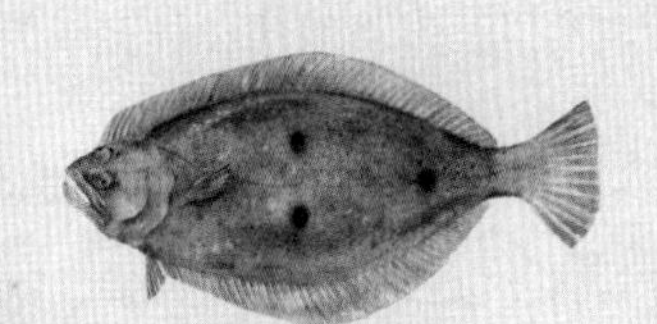

鲆类代表：褐牙鲆

鲽类代表：高眼鲽

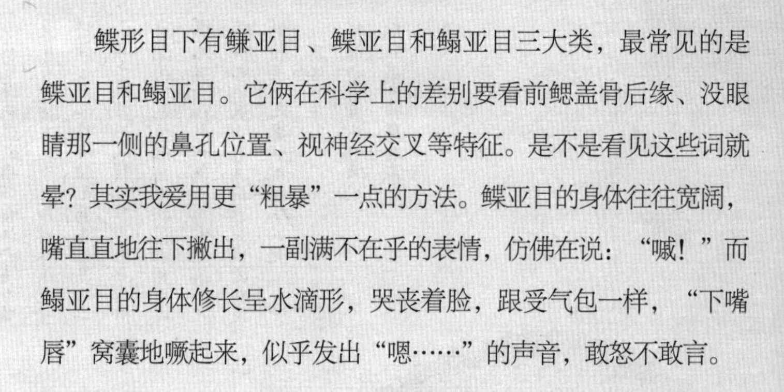

鲽形目下有鲽亚目、鲽亚目和鳎亚目三大类，最常见的是鲽亚目和鳎亚目。它俩在科学上的差别要看前鳃盖骨后缘、没眼睛那一侧的鼻孔位置、视神经交叉等特征。是不是看见这些词就晕？其实我爱用更“粗暴”一点的方法。鲽亚目的身体往往宽阔，嘴直直地往下撇出，一副满不在乎的表情，仿佛在说：“嘁！”而鳎亚目的身体修长呈水滴形，哭丧着脸，跟受气包一样，“下嘴唇”窝囊地噘起来，似乎发出“嗯……”的声音，敢怒不敢言。

舌鳎类代表：半滑舌鳎

鲽亚目呢，长得和鲽亚目很像，区别是鲽亚目的背鳍起点在眼睛甚至嘴巴旁，鲽的背鳍却从脑后面才开始长。

鳎类代表：环纹箬鳎

鲽类代表：大口鲽

比目鱼的分类，可根据口诀『左鲆右鲽，左舌鳎右鳎』来简单辨别。鲽是个例外，它的头冲左和冲右的概率是一半一半

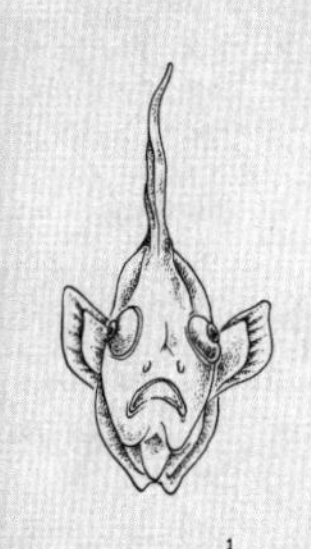

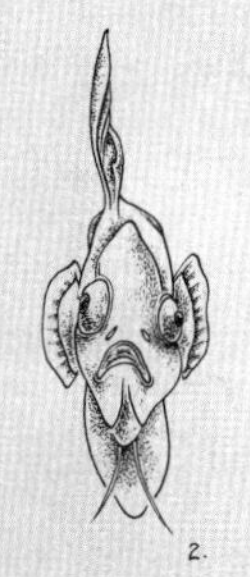

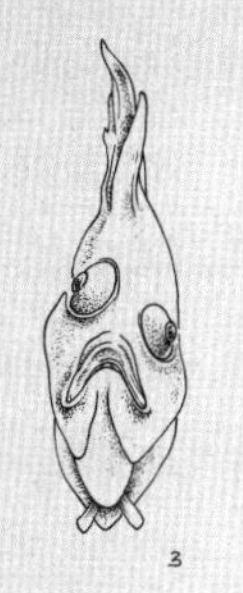

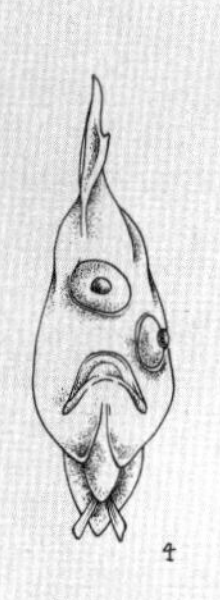

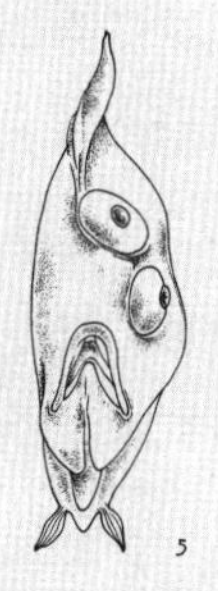

比目鱼在幼体时，眼睛一左一右。随着生长，眼睛会逐渐转移到同一侧。此图以褐牙鲆为例展示眼睛移位过程

现在回头看聂璜的这两幅画，“箬叶鱼”身子窄，有鼻头，嘴在“嗯”，是鳎亚目的。“真比目鱼”身子宽，嘴在前端，正在“喊”，而且背鳍起点在眼部，是鲽亚目的，只是被董吉甫夸张成“一鱼一目”了。

只鉴定到亚目，实在不算是好的结果。我们往深里鉴定。

鲽亚目里又细分为两类：鲆和鲽。鳎亚目也分两类：舌鳎和鳎。这四类的区分有个口诀：“左鲆右鲽，左舌鳎右鳎。”就是说，让鱼有眼睛的那面朝上摆在你面前，并且保证鱼眼在鱼嘴上面，那么鲆头冲左，鲽头冲右，舌鳎头冲左，鳎头冲右。

所以，聂璜的“箬叶鱼”是某种舌鳎，“真比目鱼”是鲽或鲆，但没法确定是哪一类，因为画中鱼一条是左式，一条是右式。

在现实中，同种比目鱼偶尔会出现异类，比如一向冲左的华鲆就有冲右的反常个体，本该冲右的高眼鲽也有冲左的个体。星突江鲽最没谱儿，它在北美洲西岸有49.2%～68%的个体头冲右，而在亚洲的个体头都冲左。不过，这些都是少数派，“左鲆右鲽，左舌鳎右鳎”的辨别法在绝大多数情况下依然好使。

鳒亚目是个例外，它头冲左和冲右的概率是一半一半。这可能和它的分类地位有关。鳒是鲽形目里最原始的一个类群。鲽形目的祖先是正常游泳的，后来它们走上了趴在海底生活的道路。趴在海底的鱼很多，大部分都肚皮贴沙，身体变扁，保持左右对称的体态，比如长得像菱形大风筝的魟鱼。比目鱼的祖先不愿意趴着，而选择了侧躺，再让贴沙一面的眼睛跑到另一边来。如果向左侧躺，眼睛就全跑到右边来，如果向右躺，眼睛就全跑到左边来。鳒可能就体现了比目鱼的祖先刚打算侧躺着生活时，不知该朝左躺还是朝右躺的试探阶段。

淡水里的箬叶

六

为什么聂璜逛的市场上全是头冲左的箬叶鱼（舌鳎），而没见过头冲右的鳎以及鲽类和鲆类呢？

纵观《海错图》，里面的鱼类几乎都生活在大海的上层、中层（即使有带鱼这样的深海鱼，也是等它浮到海面觅食时被渔民抓到的），要么就是浅海滩涂的生物，说明清朝早期的渔民因条件所限，难以捕捞深水鱼。鲽、鲆的成体喜欢躺在较深的海底，不容易被抓到，而鳎亚目喜欢沿岸浅水的沙底，自然会经常被人见到。各种古籍对“比目鱼”的形态描述，绝大多数都是鳎亚目的样子，就是这个原因。

那为什么在当时中国市场上大量出现的，只有鳎亚目中的舌鳎科，而没有鳎科呢？我找到《中国动物志》里的记载：鳎亚目中，鳎科“极少进入淡水区”，而舌鳎科“少数生活于淡水内”。这说明比起鳎来，舌鳎更接近人类世界，在河流入海口甚至纯淡水河里就能抓到。这样一来，清代菜市场上的比目鱼全都是舌鳎，就很正常了。我国曾记录到窄体舌鳎沿长江一路上溯，竟游到了洞庭湖和宜昌，短吻三线舌鳎在苏州、南京也有发现，紫斑舌鳎到达过太湖和钱塘江。董吉甫在钱塘江上招待聂璜的箬叶鱼，可能就是一只游进江里的舌鳎。

水下摄影师张帆在菲律宾拍到的舌鳎幼体。此时它的眼睛一左一右，尚未移到同一侧。之前我知道，有些舌鳎的幼体，背鳍前端一些鳍条显著较长。但看到此图才知道，原来可以美得像孙悟空的凤翅紫金冠

我还不放心，又向《厦门晚报》前总编辑、20世纪50年代起就在厦门讨海赶潮的朱家麟老先生核实。年近七旬的老爷子，夜里11∶00向我发起微信语音通话，说：“是这样的！所有比目鱼里，唯有舌鳎离岸最近。而且它不光会贴沙，还会钻沙。我有一次在一个放干了水的鱼塭（浅海处圈出来的鱼塘）里走，脚踩到一片软软的东西，挖出一看，是条舌鳎。”他还说：“有一种淡水里的舌鳎特别好吃，叫什么……对，三线舌鳎。”

一番道谢后，我放下手机，这才踏实。跟我查的全对上了。

虽然聂璜的考证结果不够完美，但我依然对他充满敬意。从他求索的过程能看出，“一鱼一目，不比不行”的论断，在当时的文化环境里实在太权威了，连聂璜敬重的海鲜达人都深信不疑，渔民都不敢否认。而聂璜一直坚持实证，他观察标本、采访渔民，批判性地研究渔民的话，画都画完了，还抓住一切机会询问。可惜，最后被那个不太靠谱的老董坑了。

在考证《海错图》的过程中，我深深感到，中国古代的博物学记载充斥着太多的人云亦云，你抄我的，我抄他的，抄到最后，假的也成了真的，谁都懒得亲自实证一番。而聂璜却时时闪现出独立思考的光芒，不但亲临野外观察实物，还屡屡对古书记载做出清醒的质疑。这种可爱的较真，是《海错图》最珍贵之处。

一只斑头舌鳎。它在我国分布于海南、广西、广东、福建沿海，在菲律宾，人们发现它会进入淡水

大名不用，偏用小名

七

说来也怪，鲽形目鱼类在中国最大的名号就是“比目鱼”，但在日常生活中，人们却不爱用“比目鱼”这个名字。没人会说“今天咱们吃比目鱼吧”，大家更爱用它的别名。

对各种鳎、舌鳎，人们爱叫它们鳎沙、搭沙，这跟它们贴沙的习性相关。北京人、天津人叫它们鳎目。“目”要发轻声，读成“么”。“打南边来了个喇嘛，手里提了五斤鳎目”即此。

还有个历史悠久的别名叫“王余（馀）鱼”。晋代《吴都赋》有一句：“双则比目，片则王余。”意思是此鱼两条拼在一起时就是比目鱼，单独一条就叫王余鱼。传说越王有一次“脍鱼未尽”，就是吃生鱼片时只吃了一面，把剩下的半边鱼扔进水里，就化为了王余鱼。这个名字日本人拿去用了。江户时代的博物学家栗本丹洲画了一本比目鱼的图鉴，就叫《王馀鱼图汇》。

江户时代的博物学家栗本丹洲画了一本比目鱼的图鉴，叫《王馀鱼图汇》

前几年，北京的餐厅里流行一道菜“鸦片鱼头”，是一种非常大的比目鱼的头部。我一直不明白它和鸦片有什么关系。2016年，在丹东采访海蜇养殖场时，我在海蜇池旁的小屋子里看到一本书——《牙鲆养殖技术》。随手一翻，里面写着：“牙鲆，俗称鸦片鱼。”突然顿悟：鸦片鱼敢情和大烟没关系，而是中国沿海养殖的一种比目鱼——牙鲆，在口口相传中

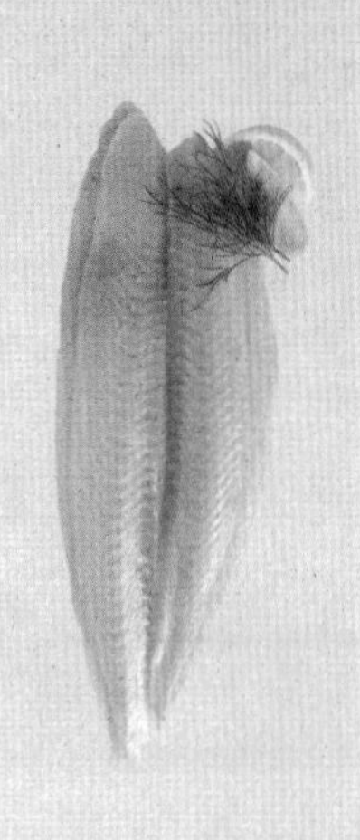

市场上便宜的『龙脷鱼』肉，其实都是东南亚的淡水鲇鱼——巴沙鱼或巴丁鱼的肉。它们与龙脷鱼肉的区别是：龙脷鱼肉较平薄、肉整体发红，巴沙（巴丁）鱼肉较厚、肉整体发白或发黄。说是这么说，真辨认的时候，这些招数未必好使

的谐音讹变？赶紧上网搜了下，牙鲆还有牙片、雅片的俗名，看来确乎如此了。

北美因纽特人钓上来的马舌鲽（商品名『格陵兰比目鱼』）。马舌鲽的头部是中国餐馆里『鸦片鱼头』的主要来源

既然是鲆，那头就应该冲左。可餐厅菜谱里的“鸦片鱼头”，却往往是冲右的。它们是冒名顶替的鲽类。网上曾有科普文，说冒充者是庸鲽或箭齿鲽。可我看了网上各种“鸦片鱼头”的菜品图和阿里巴巴网站上批发的冷冻鸦片鱼头照片，发现它们绝大多数都是马舌鲽（商品名“格陵兰比目鱼”）的头。马舌鲽是北方冷海的大型比目鱼，能长到1.2米长。捞上来后，鱼身被切成段，卖给不爱吃鱼刺的西方人，鱼头则卖到中国。

这两年，中国人也开始接受雪白的、去骨的冰冻鱼肉，比如龙脷鱼。脷，是粤语里“动物的舌头”之意。龙脷鱼是粤地对舌鳎类的统称，因为舌鳎很像龙的舌头。舌鳎切头、扒皮，做成龙脷鱼柳后，嫩滑多肉又没刺，确是上品。然而市面上便宜的“龙脷鱼”几乎都是东南亚的养殖淡水鱼——巴沙鱼或巴丁鱼做的。巴沙、巴丁是鮏鲇属的鱼，常见的是低眼无齿鮏和博氏巨鲇。也就是说，超市里那些裹着一层冰的便宜“龙脷鱼”，都是几种淡水鲇鱼假充的。不过，巴沙、巴丁也是不错的，只要不贵，吃吃挺好。

北京超市里剥皮后的龙脷鱼——一种舌鳎

在一直以加工品出现的市场比目鱼中，多宝鱼算个异类。它在中国被广泛养殖，常以活体形式售卖，正式名称是大菱鲆。鲆类身体大多是椭圆形，大菱鲆却是个标准的菱形，故以菱为名。它叫“多宝”的原因很简单：英文里，大菱鲆叫“turbot”。多宝鱼大小适中，买回去一家三口吃完，正好。

在古代，比目鱼的真身扑朔迷离，让聂璜头疼。到了今天，鸦片鱼、龙脷鱼里的猫腻，又让现代人上当。还是买多宝鱼吧，活鱼总不会耍人了。

鯊最大者可合抱其色背青而
肚純白其肉亦白無赤肉夾雜
者名白胡最美頭鼻骨皆軟肥
脆其翅極美肚勝猪胃閩省人
多切以為膾為下酒佳品又有
水鰭鯊狀如胡鯊但肉不堅烹
之半化為水名破布鯊價廉於
胡又有油鯊肉多膏烹食勝他
鯊而總以潛龍鯊為第一
雲頭鯊贊
鯊首雲冲騰起虛空
問欲何為曰予從龍
龍母妒逐不敢歸第
黃昏鯊頭亦如雲頭但色白灰
而背有白點其魚大者長四五
尺其肉不美漁人不樂有也
黃昏鯊贊
夕陽真好惜近黃昏
唐人詩意魚竊其名

【双髻鲨、云头鲨、黄昏鲨】

龙宫稚婢，头挽双髻

《海错图》中有三种头如斧子的鲨鱼，现实中真的有鲨鱼和它们一一对应吗？有，也没有。

雲頭鯊頭薄濶一片如雲狀雖似雙髻而色稍黑較雙髻為畧大大亦止三觔內外又名黃昏其味不甚美按鯊中雲頭雙髻其狀可為奇矣而爾雅翼不載止云鯊有二種而諸類書亦因畧之蓋著書先賢多在中原實未嘗親歷邊海不得親覩海物也張漢逸曰鯊名甚多匪但中原人士不及知即吾閩中亦不能盡識予老於海鄉畧知一二

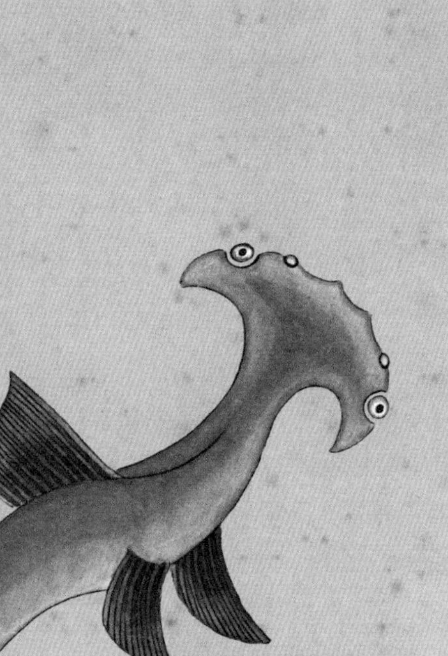

雙髻魦亦如雲頭而小身微灰

在宋朝登场

一

海里有很多种鲨鱼，但长久以来，中国人对鲨鱼并不太了解。

直到北宋时，《图经本草》《证类本草》等书才列出了两种鲨鱼：“其最大而长喙如锯者，谓之胡沙，性善而肉美；小而皮粗者曰白沙，肉强而有小毒。”实际上这两种在今天看来还不是真正的鲨鱼。胡沙是锯鳐（《海错图笔记·贰》中有文详述），白沙或为某种魟鱼。

聂璜常用的工具书——南宋的《尔雅翼》，也如此记载。他手头的其他工具书“亦因略之”。聂璜对古人表示理解，他说：“盖著书先贤多在中原，实未尝亲历边海，不得亲睹海物也。”他的福建朋友张汉逸也说：“鲨名甚多，匪但中原人士不及知，即吾闽中亦不能尽识。”

其实聂璜看的书不够全。南宋时，中国人已经记录了很多鲨鱼。南宋淳熙九年（1182年）的《三山志》（今福州一带的地方志）里记载了胡鲨、鲛鲨、帽头鲨三种鲨。宝庆二年（1226年）的《四明志》（今宁波一带的地方志）列了更多，“白蒲鲨、黄头鲨、白眼鲨、白荡鲨、青顿鲨、乌鲨、斑鲨、牛皮鲨、狗鲨、鹿文鲨、鲼鲨、鲔鲨、燕尾鲨、虎鲨、犁到鲨、香鲨、熨斗鲨、丫髻鲨、剑鲨、刺鲨”，多达20种。

其中，“帽头鲨”和“丫髻鲨”同指一类头部怪异的鲨鱼。《海错图》中，这类鲨鱼有三种，分别被标注成黄昏鲨、云头鲨和双髻鲨。

在1804年的《论博物学》中，可以看到一条锤头双髻鲨和一条噬人鲨（大白鲨）的手绘图。锤头双髻鲨的头部细节被特意画了出来。作者戈特利布·托比亚斯·威廉是巴伐利亚的博物学家

三种差不多的鲨 ②

这三种鲨长得差不多，头部都扁扁的，向两侧延伸，像古代女子的丫髻。它们属于今天的双髻鲨科。聂璜给出了三者之间的区别：

双髻鲨个子最小，“身微灰色而白”。

云头鲨“虽似双髻（鲨）而色稍黑，较双髻为略大，大亦止三斤内外”。

黄昏鲨最大，“色白灰而背有白点。其鱼大者长四五尺”。

说实在的，这些特征没什么参考价值。世界上一共有9种双髻鲨，没有一种背上有白点。聂璜在《海错图》中经常给动物加上莫名其妙的白点，要么尾巴上点一个，要么沿着脊梁点一溜儿。不知这是他特有的审美，还是渔民为他画示意图时随手点的，被他当真了。

他描述的体色深浅、个体大小也不能作为鉴定的凭证，而且从他“云头鲨……又名黄昏”的文字看，聂璜对如何区分双髻鲨的种类也是一脑子糨糊。其实在现代分类学中，鉴定双髻鲨最可靠的方法，是看它的头部轮廓。

中国有二属四种双髻鲨，看脑袋就能顺利区分。丁字双

丁字双髻鲨的头部向两侧极度延伸，是长得最夸张的双髻鲨。《中国动物志》记载，有学者在海南昌化采到过它的标本

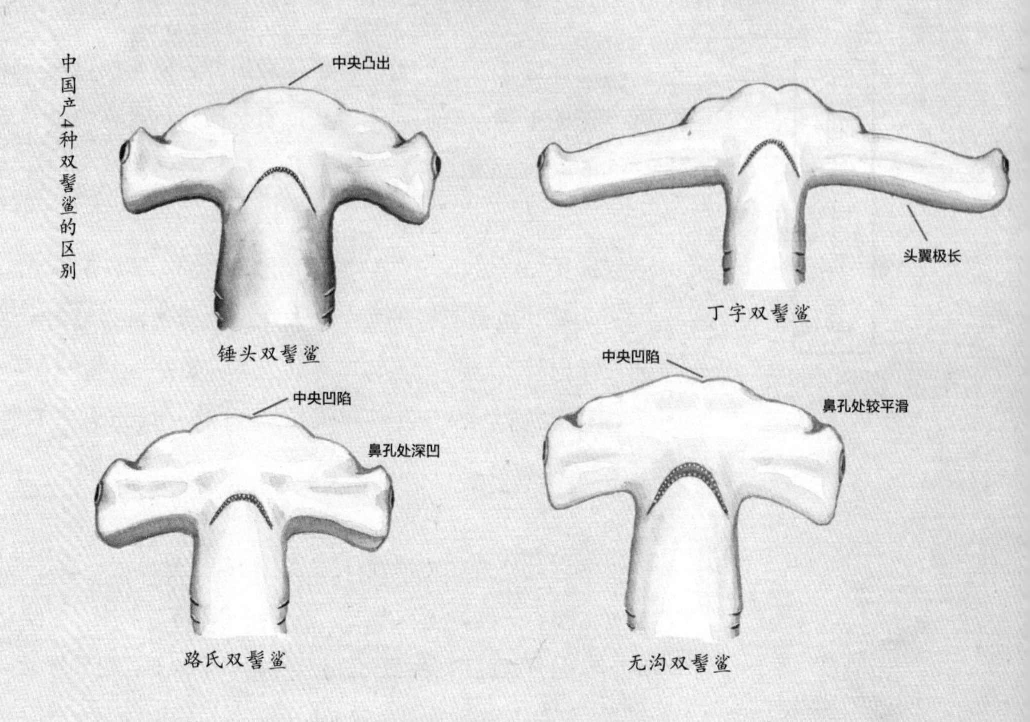

中国产4种双髻鲨的区别

锤头双髻鲨　丁字双髻鲨　路氏双髻鲨　无沟双髻鲨

髻鲨属只有一种：丁字双髻鲨。它的头部两翼特别长，长到让人担心随时会断。双髻鲨属有三种，头翼都较短，可以这样区分：头部前缘中央凸出的是锤头双髻鲨，前缘中央凹陷且鼻孔处较平滑的是无沟双髻鲨，前缘中央凹陷且鼻孔处深凹的是路氏双髻鲨。

《海错图》中这三种鲨，头翼都不长，可以肯定不是丁字双髻鲨。那幅“双髻鲨”，头前缘中央凸出，应该是锤头双髻鲨。“黄昏鲨”和“云头鲨”的前缘中央凹陷，可能是无沟或路氏。但是，鉴于聂璜在文字里压根儿没提到头形的差异，所以画中的头形不同，许是他无心造成的，不能太当真。

所以我“庄严宣告”：这三幅画，只能定到双髻鲨科双髻鲨属，定不了种。

脑袋的用法 ㈢

聂璜写了一首《双髻鲨赞》来揶揄双髻鲨的头形：

龙宫稚婢，
头挽双髻。
龙母妒逐，
不敢归第。

女主人妒忌丫鬟的美貌，在民间故事里很常见。不过连长成双髻鲨这德行的丫鬟都妒忌，是不是也太不开眼了？

聂璜没有解释双髻鲨怪异的头部是做何用途的，不过在其他古籍里，能看到些许记载。《南越志》载：“鐇鱼，鼻有横骨如鐇（音fán，宽刃斧或铲形工具），海船逢之必断。”《吴都赋》载：“王鲔鯸鲐，鲫龟鐇鲭。”注解说：“鐇鲭（音què），有横骨在鼻前，如斤斧形，东人谓斧斤之斤为鐇，故谓之鐇鲭也。”

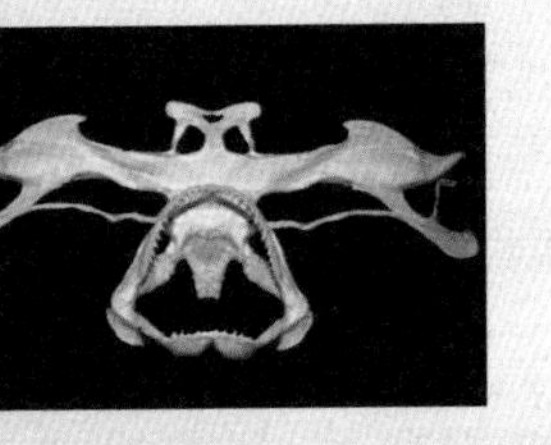

双髻鲨的头骨『鼻有横骨如鐇』

鲭在《康熙字典》里的解释是：“鱼名，出东海……生子在腹中……鲛鱼皮，即装刀靶鲭鱼皮也。”胎生、皮能饰刀靶，明显是鲨或魟。再加上鼻前有斧状、铲状横骨，所以鐇鱼、鐇鲭肯定是双髻鲨了。

古人猜测这“横骨”连船都能撞断，其实不然。这种结构是相当脆弱的。“海船逢之必断”，真要断的也只能是横骨，不是海船。直到今天，科学家也没搞清双髻鲨头部为何长这样，只有几个假说：

双髻鲨的鼻孔间距很宽，利于辨别气味的来源

1. 提高泳技。2003年，美国生物学家史蒂芬·卡丘拉（Stephen Kajiura）发现路氏双髻鲨的急转弯速度是普通鲨鱼的两倍，可能大脑袋一扭能带来更大的惯性和稳定性吧。

2. 压住猎物。双髻鲨喜欢游到浅海寻找趴在沙子上的比目鱼、魟鱼、鳐鱼。这几种猎物的身体都是扁片状的，跟双髻鲨的脑袋正好配套。20世纪80年代，人们在巴哈马群岛观测到，有条魟鱼趴在海底，一条3米长的无沟双髻鲨游到它上方，魟鱼想逃跑时，双髻鲨直接用脑袋把魟鱼按回海底，吃掉了它。

3. 增强嗅觉和视觉。双髻鲨的眼睛在头翼两端，视野广。两个鼻孔也相隔特别远，远到足以辨明哪个鼻孔先闻到食物的味道，迅速定位食物的位置。

4. 感应生物电。科学家发现，双髻鲨在觅食时，总是一边贴着海底游，一边左右摆动头部，就像用探雷器探雷一样。解剖后可以看到，它的头翼腹面密布着电感应器，即使猎物藏在沙子里，也能感应到猎物的生物电。

游到浅海的双髻鲨，用探雷器般的头部『扫描』海底，寻找沙中的猎物。双髻鲨头部的腹面密布电感应器，能识别出埋在沙子里的比目鱼、鳐鱼等猎物的电信号

美国佛罗里达州海域的窄头双髻鲨，正在海草床上觅食。这么密的海草，捕食时很容易把海草一起吞下去，窄头双髻鲨可能因此练成了消化海草的能力

吃草的鲨鱼

四

这几条之所以是假说，是因为它们各有疑点。像“压住猎物说”，只适用于一些大型的、爱吃“扁片鱼”的种类，比如能长到6米长的无沟双髻鲨。但其他以甲壳动物和乌贼为食的小型双髻鲨也这样使用脑袋吗？还需要更多观察。

有个更怪的反例，来自窄头双髻鲨。它在双髻鲨中算非常迷你的，只有1米左右长，头翼很小。以前人们以为它光吃肉，但2007年，科学家解剖了一些墨西哥湾的窄头双髻鲨，发现它们的胃里有大量海草，甚至占到胃容物的一半。

科学家来了兴致，抓了5条窄头双髻鲨养起来，喂它们吃“鱿鱼海草卷”——用鲜鱿鱼片包起一把海草，表面是肉，其实90%是草。窄头双髻鲨很爱吃，一口一个。

喂了三个礼拜，上秤一称，5条鲨鱼全胖了。而且从粪便看出，它们消化了一半以上的海草，从肠道中也提取出了消化植物的酶，甚至在鲨鱼的血里还发现了大量来自海草的物质。它们真的可以消化海草！

考虑到窄头双髻鲨觅食的地方往往是长满海草的“海底草坪”，所以它可能是在这里抓螃蟹和鱼时，不可避免地吃进了海草，时间长了，慢慢演化出消化海草的本事。

游向濒危

五

《海错图》中，聂璜对三种双髻鲨的介绍只有三言两语，其中有不少都是谈口感。他说“双髻鲨……肉细骨脆而味美”，而黄昏鲨则是“其肉不美，渔人不乐有也”。

直到如今，市场上还能见到双髻鲨。2013年6月18日，一位摄影家在舟山某海鲜市场看到200条路氏双髻鲨正在出售，发微博说：“这是濒危物种，一条食街一天就消灭了这么多尾，能不濒危吗？”结果被一些当地人抗议，说自己小时候市面上就有双髻鲨卖，没听说是濒危物种。在网友举报后，这位摄影师还一度被微博认定为“发布不实信息”，被禁言。

不过一些科普博主很快纠正，路氏双髻鲨确实被世界自然保护联盟（IUCN）评为“濒危”等级，无沟双髻鲨也是濒危，锤头双髻鲨则是易危。虽然IUCN没有法律效力，评为濒危不代表不能买卖，但摄影家说路氏双髻鲨濒危，还是所言不虚。微博后来很没面子地解除了他的禁言。

双髻鲨在迁徙时会聚成大群，被潜水爱好者称为『锤头鲨风暴』。在南沙群岛的弹丸礁海域就可以看到这一壮观景象

舟山百姓虽然从小就见惯了双髻鲨，但他们不知道的是，近年来捕捞业的发展让双髻鲨数量急剧下降。和其他鲨鱼不同，双髻鲨喜欢聚成庞大的群体迁徙，这是海洋中最壮观的景象之一，被潜水爱好者称为“锤头鲨风暴”。加拉帕格斯群岛、日本与那国岛、中国南沙群岛的弹丸礁（目前被马来西亚非法侵占）都是锤头鲨风暴的观赏地。但正因如此，双髻鲨很容易被渔网一锅端。就算渔民没有故意捕鲨，在捕捞其他鱼时也会连双髻鲨一起捞上来，这种“误捕”目前几乎无解。

所以，还没等沿海百姓反应过来，双髻鲨就已经纷纷濒危。2014年9月，路氏双髻鲨、锤头双髻鲨和无沟双髻鲨更是被《濒危野生动植物贸易保护公约》（CITES）列入附录Ⅱ，这个公约具有法律效力，附录Ⅱ里的动物等同于中国国家二级保护野生动物，未经野生动物主管部门许可不得出售。

厄瓜多尔的圣罗莎，渔港堆满了双髻鲨。一名少年正在割下它们的鱼鳍

那位摄影师爆料的时间，在公约正式生效前几个月，所以在法理上还可以买卖双髻鲨。但公约生效后又如何呢？我的朋友小黑，2017年在浙江台州拍摄到路氏双髻鲨被摆在菜市场上。另一位朋友林老师也告诉我，厦门的海鲜批发市场依然能见到双髻鲨。

被龙母赶出龙宫的双髻鲨，躺在菜市场的碎冰上。此时的“她”，不是“不敢归第”，而是不能归第了。

蚪爪屈曲未生尺木
他日為龍飛騰海角

龍說文象形生肖論龍耳虧聽故謂之龍梵書名那伽爾雅翼龍有九似頭似駝角似鹿眼似兎耳似牛
項似蛇腹似蜃鱗似鯉爪似鷹掌似虎是也此繪龍者須知之圖中之龍虛懸康熙辛巳德州幸遇名手
唐書玉補入蓋宋式也正得九似之意又聞中嘗訪舶人云龍首之鬛海上游行親見直豎上指陽剛之
贊如此今之畫家或變體作垂髪者謬矣
廣東新語曰南海龍之都會古人入水採珠者皆繡身面為龍子使龍以為已類不吞噬今日龍與人益
習諸龍戶悉視之為蝘蜓矣新安有龍穴洲每風雨即有龍起去地不數丈朱鬣金鱗兩目煒煒如電其
精在浮沫時噴薄如瀑泉爭承取之稍緩則入地是為龍涎

神龍贊

水得而生雲得而從小大具體幽明並通
羽毛鱗介皆祖於龍神化不測萬類之宗

【神龙、闽海龙鱼、曲爪虬龙、盐龙、螭虎鱼、蛟】

神化不测，万类之宗

龙是中国最著名的神兽。直到今天，人们还在争论它是否真的存在。聂璜坚信龙是存在的。他在《海错图》中画了六种龙族生物，并记下了它们的习性。

曲爪蚪龍係明嘉靖末蒲人名手吳彬所寫今存有畫在支提山張漢逸見過特為予圖以為此非龍也殆蚪而龍者乎按龍之名有飛應蛟蚪等類不一此必蚪龍也何以明之今松柏之古幹夭矯離奇者不曰蛟枝而曰蚪枝圖內四爪盤曲之勢正相類予故目為蚪龍字彙註蚪謂龍之無

万物皆祖于龙（一）

在《海错图》中，经常可以感受到聂璜对龙的尊崇。只要是能和龙扯上关系的物种，他的介绍文字都透出敬仰和遐想。并且他笃信一个理论：万物皆祖于龙。意思是，龙是一切生物的祖先。

因为在他生活的时代，民间充满了这类传说：龙为至阳之物，能和万物交配，生下似龙非龙的生物。和马交配，马就会生出龙驹。和牛交配，牛就会生出麒麟。还有“龙生九子不成龙”的说法：龙有9个孩子，分别是蒲牢（钟钮上的神兽）、狻猊（音suān ní，香炉脚的狮头形象）、赑屃（音bì xì，驮石碑的王八）等，面相似龙，但又与龙有别。

聂璜据此认为，既然龙的后代变化多端，那么世间生物往回倒推，其共同的祖先可能都是龙。这个论点，在西汉的《淮南鸿烈》（即《淮南子》）中早已被提出：“万物羽毛鳞介皆祖于龙。”这更给聂璜来了颗定心丸。他觉得：“《鸿烈》之文出于汉儒，汉儒去古未远，必得古圣精义。”

儒生都有这样的通病，认为理论越古越接近真理，时代越古越淳朴和谐。而事实是，上古时代充满了野蛮杀戮，古人说的也未必是真理。“万物羽毛鳞介皆祖于龙”只是一句纯粹的臆测，没有任何证据。

聂璜说的“龙和牛交，生出麒麟”，其实是非常晚才诞生的传说。麒麟在先秦、两汉的早期形象，是一种独角小鹿，角端被肉球包裹，并无半点龙形，也没人说它是龙的后代，经过后世艺术化演变，才逐渐被加上鳞片、龙头。

中国的各种神兽，其形象演变都存在“越来越像龙”的现象。在“龙化”之后，人们忘记了它们的最初起源（比如狻猊本是狮子的别名，考古学家林梅村认为狻猊音译自西域斯基泰语的“sarvanai”，即狮子的形容词；或“sarauna”，即狮子的抽象词），而把它们附会成龙子龙孙了。“龙生九子”的说法，其实到明朝才出现，且版本不一，显然是附会而成，无法作为论据。

但“万物祖于龙”的说法，也碰巧符合了一个科学知识：所有生物都有一个共同祖先。今天的科学家经过推算，发现地球上所有生物的祖先都可以追溯到39亿年前的一种生物。人们把它称为“最近普适共同祖先”，英文首字母简称“LUCA”。不过，LUCA和龙没有丝毫关系，而是一种形似细菌的微小生物。

出土于河南偃师的汉代鎏金麒麟。早期的麒麟身体似鹿似马，头顶有一独角，角端长一肉球，并无半点像龙

《海错图》中，名画家唐书玉所绘的黄色龙，头部用了『钉头鼠尾描』笔法，纤细的龙须也颇见功力。右页是聂璜画的蓝色的『曲爪虬龙』，使用的是一般笔法，龙须也较粗糙

不敢画的龙 二

但聂璜并不知道这些，他还是把龙作为万物之祖崇拜，并在《海错图》中给予龙最高的待遇——书中每个物种都有一首小赞，每首赞有4句，唯有龙翻了个倍，是8句：

水得而生，
云得而从。
小大具体，
幽明并通。
羽毛鳞介，
皆祖于龙。
神化不测，
万类之宗。

虽然这么崇拜龙，聂璜却在旁边写道："图中之龙虚悬。"意为龙的画像迟迟没有画上。因为聂璜看宋代《尔雅翼》中说，龙的样子是"头似驼，角似鹿，眼似鬼，耳似牛，项似蛇，腹似蜃，鳞似鲤，爪似鹰，掌似虎"。如此异相，实在不敢轻易下笔。幸亏，在康熙辛巳年（1701年），聂璜在德州遇到一位名画家唐书玉，请他补入了这条龙。聂璜认为，这条龙“盖宋式也，正得九似之意”。仔细看此龙的头部线条，是“钉头鼠尾描”，《海错图》中其他画里没出现过这么有技巧的笔法。看来，这确实是《海错图》中唯一不是聂璜所绘的画了（也是画技最好的一幅）。

这条龙的头部毛发竖直向上，正是聂璜心中的正确画法。因为他在福建听一个船员说，自己曾亲眼见到龙在海面游泳，“龙首之发，直竖上指”。聂璜认为，这正是龙阳刚之气的体现，所以他说：“今之画家或变体作垂发者，谬矣。”

聂璜还举了《广东新语》里的例子，证明龙的真实性：“南海，龙之都会。古人入水采珠者，皆绣身面为龙子，使龙以为己类，不吞噬。”原来身上纹龙还是一种拟态。《广东新语》还说，广东新安有个岛，叫龙穴洲（今名龙穴岛，属广州市南沙区管辖），每次风雨之时“即有龙起，去地不数丈，朱鬣金鳞，两目烨烨如电，人与龙相视久之，弗畏也。其精华在浮沫，时喷薄如瀑泉如雨，争承取之，稍缓则入地中矣，是为龙涎”。看来每次大风雨之时，新安人都能和龙深情对视，还会争相接住龙的哈喇子。

龙无尺木，无以升天 三

聂璜的好友张汉逸，在支提山（今福建宁德市西北）见过一张怪异的龙图像，是明代嘉靖年间名手吴彬所画，张汉逸为聂璜眷画了此图。聂璜见此龙四爪盘曲，正和古松古柏扭曲的“虬枝”相似，而且它的头部无角，又和《字汇》中的“虬，谓龙之无角者”相符，故而将此龙命名为“曲爪虬（聂璜写成了“蚪”，其实虬的异体字写法是虯）龙”，并作《曲爪虬龙赞》：

虬爪屈曲，
未生尺木。
他日为龙，
飞腾海角。

显然，聂璜将虬龙视为还不能飞腾的龙，因为它“未生尺木”。有句话叫“龙无尺木，无以升天”。尺木是什么？有三种说法。东汉的王充说，尺木就是一棵树，可能是某次雷劈树时，龙正好在旁边，雷电退回天上时，龙跟着上天了，这一景象被人看到，就以为龙必须顺着树木才能上天。这个说法牵强得有点过分了，王充自己可能都不信。更多人认可《酉阳杂俎》中的说法：“尺木，龙头上如博山形。”也就是说，龙头上会长出像层叠山峦的突起，叫尺木，长出了它，就可以升大了。不少后人把尺木直接等同于龙角，聂璜就持这种看法。清代考证学家俞正燮则认为，以上都不对，“尺木”其实是传抄时抄错了，本来应是“尺水”，《道藏·正一部·意林》曾载：“龙无尺水，无以升天。圣人无尺土，无以王天下。”即龙若没有一小摊水辅助，是无法升天的。

聂璜还画了一种“盐龙”，这是一种长仅尺余（30多厘米）的小龙，“头如蜥蜴状，身具龙形，产广南大洋中，必龙精余沥之所结也”。《珠玑薮》载，粤中的有钱人会把盐龙养在银瓶里，喂它海盐。等它鳞甲渗出盐来，就收集起来吃掉，能够壮阳。

《海错图》里的「盐龙」

就文字来看，聂璜没见过盐龙，只是凭古书记载而画。中国倒是有岩岸岛蜥、圆鼻巨蜥等蜥蜴能在海滨活动、下海游泳，岩岸岛蜥还能喝下海水，从鼻孔泌出盐分。但它们无法以盐为食、从鳞甲里泌盐。盐龙应该只是脱胎于“守宫砂”传说的一种臆造生物。守宫砂相传是把壁虎养在罐里，喂它朱砂，吃够3斤（一说7斤），等壁虎全身变红，就把它捣碎，点在女性胳膊上，能测贞操。当然了，守宫砂也是不存在的，壁虎只吃活虫，连死虫都不吃，怎么会乖乖吃好几斤有毒的朱砂？这么说吧，守宫砂、盐龙传说的离谱程度，就像让一只兔子吃3吨铁渣子一样。

还有一种“螭虎鱼”，聂璜说它“产闽海大洋，头如龙而无角，有刺，身有鳞甲，金黄色。四足如虎爪，尾尖而不

台湾南部的海边礁石上，活跃着一种「岩岸岛蜥」。它在潮间带取食小型无脊椎动物或死鱼虾，和海水形影不离，甚至可以直接饮用海水，再由鼻部腺体排出盐分。它可能是和「盐龙」传说最接近的中国物种了

螭虎魚贊

鍾彝垂象螭列圖書
九鼎海水螭亦爲魚

《海错图》里的「螭虎鱼」

歧，长不过一二尺，无肉，不可食。其皮可入药用，漳泉药室多有干者”。当时的商人经常带着此物的干制品到处吆喝，骗人说是“小蛟”。看样子，聂璜亲眼见过此物被做成药材后的样子。根据它的画像和描述，最可能是南方常见的变色树蜥、棕背树蜥等小型鬣蜥。它们头颈部有刺一样的鬣鳞，活时通常呈黄色。长度也是一二尺，尾巴很长，都和画符合。至于四足如虎爪，应该是干制后指爪蜷缩造成的。考虑到聂璜说“其皮可做药用”，当时的人们可能用它作为著名药材——蛤蚧（大壁虎）的代替品或伪品，因为蛤蚧在药铺里的样子就是去掉内脏、用竹棍撑开皮的蜥蜴干。

变色树蜥

蛤蚧（大壁虎）是一种传统药材，被用竹棍撑开皮晾干出售。睑虎、蜡皮蜥、无蹼壁虎、红瘰疣螈等两栖爬行类，常作为蛤蚧的伪品被大量捕杀。《海错图》里的「螭虎鱼」可能就是古代的一种蛤蚧伪品另有一张《蛟》图，蛟身有珠状圆鳞，这是聂璜按照“龙珠在颔，蛟珠在皮”的传说绘制的。聂璜认为，蛟珠跟龙珠不是一个概念，而是“大约蛟无鳞，缀珠纹于皮，如鲨鱼皮状”。我觉得很有道理。魟鱼的皮上有珠状鳞片，常被用作皮具材料，人称“鲨鱼皮”或“鲛皮”。大概是有人把鲛皮听成了蛟皮，“蛟珠在皮”就这么传开了。

最后一幅和龙相关的图，叫《龙鱼》，配文是：“产吕宋、台湾大洋中，其状如龙，头上一刺如角，两耳、两髯而无毛，鳞绿色，尾三尖而中长，背翅如鱼脊之旗，四足，爪各三指而胼如鹅掌。然网中偶然得之，曝干可以为药。康熙二十六年，漳州浦头地方网户载一龙鱼，长丈许，重百余斤。城中文武俱出郭视之。”若硬要找个现实生物对应，那么菲氏真冠带鱼（*Eumecichthys fiski*）最贴近。它头上有独角冲前，头顶有背鳍延伸出来的拉丝，破损时常裂成两绺，可以理解为两髯，胸鳍可以理解为两耳，尾巴三尖可能是因为此鱼的背鳍末尾、尾鳍、臀鳍都聚在身体末端。但它的身

《海错图》里的『蛟』

躯是银色，不是绿色，也没有四足。康熙二十六年（1687年）抓到的那只，可能是它更大的亲戚——皇带鱼。这两种鱼都在深海，偶尔会浮出水面活动。

聂璜发现之前的《闽志》里没记载过龙鱼，就推测："似乎近年大开海洋，始可得也。"清廷为了防止反清力量在海上活动，曾从顺治十二年（1655年）开始实行海禁，片帆不得入海。直到康熙二十二年（1683年），三藩、台湾都已平定，才宣布开海。4年后，人们抓到了龙鱼。

《海错图》里的『闽海龙鱼』

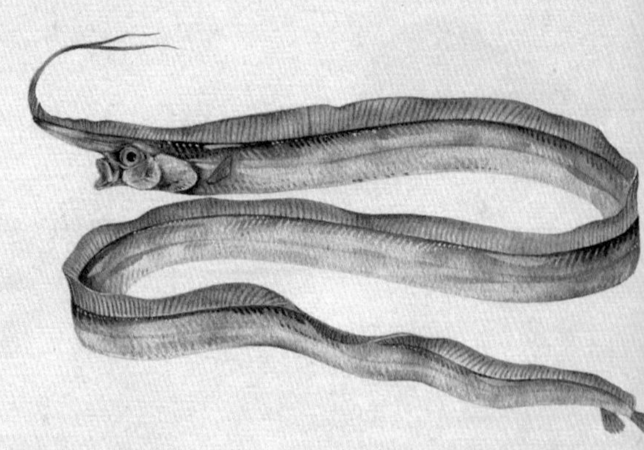

菲氏真冠带鱼符合『产吕宋、台湾大洋中，其状如龙，头上一刺如角，两耳、两鬐而无毛，尾三尖而中长，背翅如鱼脊之旗』的龙鱼特征，但不符合『鳞绿色，四足，爪各三指而胼如鹅掌』的特征

相信很多读者看到这，并不满意我的考证。对，我自己也不满意。这些龙族无法和现生生物完全对应，也不知哪几笔是聂璜亲眼得见，哪几笔是他道听途说。强行考证，总是牵强。没办法，谁让这些动物都和龙沾边儿呢。龙本身，就是说不清的东西。

时至今日，“龙是否真的存在”这个问题，仍然讨论得热火朝天。我认为龙是不存在的。

首先，它的外形和习性不但和现生生物大相径庭，连古代生物都没有和它类似的。古今多起“目击龙事件”都说龙虽无翅，却能在云间穿梭甚至打斗，还掉下了碗大的龙鳞。但没有任何古今动物是大型、无翅却能飞的。至于《说文解字》里说龙“能幽能明，能细能巨，能短能长”就更不可能了。

其次，龙的形象变化太大，甲骨文的“龙”字，是头顶怪角、张开大口的蛇形物。商、周、秦、汉的龙，是非常简约灵动的神兽，有时是兽身，有时是蛇身，有时还带翅。之后，龙的形象一步步具体，身体越来越长，鳞片越来越多，多了龙须，翅被火焰纹代替。到了明、清，它已经从矫健轻盈变得臃肿老态。作为一种野生动物，几千年（演化史上只算一瞬间）就发生这么翻天覆地的演化，实在太快了，更像是艺术上的改变。

再次，龙的各种文字描述充满了矛盾。聂璜在《海错图》中就为此头疼。《广雅》说有鳞曰蛟龙，有角曰虬龙，那明、清的龙形象有鳞又有角，怎么算？《广雅》还说无角的是螭龙，但《说文解字》却说无角的是蛟。《述异记》说，虺五百年化为蛟，可晋代郭璞又说蛟是卵生，那又没虺什么事了……这样混乱的记载，正说明龙是一种虚幻生物，怎么编都可以。

最后，以现实元素为基础，创造出龙形的艺术形象，并不是难事。欧洲喷火带翅的“Dragon”、巴比伦城门上的“Muš-ḫuššu”（怒蛇）、中美洲阿兹特克人的羽蛇神，都是龙一样的生物，这可能是人类潜意识里共有的一种怪兽形态。甚至我猜测，小孩子普遍喜欢恐龙，也是在崇拜这种潜意识里的形象。我们都相信，国外的龙形怪物是根据蜥蜴、蛇等原型艺术创作出来的，凭什么中国龙就非得在现实中有一模一样的原型？中国人就不能主动创造出一种龙形神兽吗？当然能。放眼全世界，这也是很正常的事。

巴比伦城门上的『怒蛇』。它有蛇的头、狮子的前腿、鸟类的后腿和覆盖着鳞片的身体

龙存在的证据

六

如今，信奉龙真实存在的人，常会举出一些论据。我简单评价一下。

1. 十二生肖都是身边常见的动物，唯有龙是虚幻的。这不合理，所以龙在古代也应该很常见。

首先，十二生肖在早期并不是今天的版本。在发掘出的睡虎地秦简里，并不是“申猴、酉鸡、戌狗”，而是“申环、酉水、戌老羊”。在其他秦简、汉简里，还有今人闻所未闻的石、玉石、老火等生肖。这说明生肖最初并不是以动物常不常见作为选择标准的。中国人民大学的王贵元教授认为，这些奇特生肖指的是《国语·鲁语下》里的木石之怪（夔）、土之怪（羵羊）等怪物，而龙在《国语》中是“水之怪”。如果早期生肖既有常见动物，又有精怪，那龙位列其中也就不奇怪了。

2. 古代有养龙、驯龙的记载。

这类记载确实史不绝书。《山海经·海外西经》载，夏朝的君王夏启可以“乘两龙，云盖三层”。《史记·夏本纪》载，夏朝另一位君主孔甲在位时，天降两条龙，孔甲把

中国各时代生肖对比。在早期文献里，辰对应的物种要么空缺，要么是『虫』。有人认为这是因为人们尊敬龙，避讳龙字，便用缺省或虫字代替。《孔家坡汉简》中的『□』为无法辨认的字

	子	丑	寅	卯	辰	巳	午	未	申	酉	戌	亥
睡虎地秦简	鼠	牛	虎	兔		虫	鹿	马	环	水	老羊	豕
放马滩秦简甲种	鼠	牛	虎	兔	虫	鸡	马	羊	猴	鸡	犬	豕
放马滩秦简乙种		牛				鸡	马	羊	石	鸡		
张家山汉简			虎	象		鸡						
孔家坡汉简	鼠	牛	虎	鬼	虫□	虫	鹿	马	玉石	水	老火	豕
东汉《论衡》	鼠	牛	虎	兔	龙	蛇	马	羊	猴	鸡	犬	豕
东汉《月令问答》		牛	虎		龙		马	羊		鸡	犬	豕
后世	鼠	牛	虎	兔	龙	蛇	马	羊	猴	鸡	狗	猪

龙交给刘累养，后来死了一条雌龙，刘累把龙做成肉酱送给孔甲吃。《拾遗记》也有虞舜时设有“豢龙之官”“夏代养龙不绝”的记载。然而，这些故事无法证实，更似传说和神话，即使再多，也不能证明龙的存在。

3. 从古到今，发生过多起群众目击龙事件。

这类故事也很多，尤其值得关注的是龙从天而降的“堕龙”事件。南宋姜夔曾记载一次湖北汉阳白湖的堕龙（当时他只有6岁，不在现场，是长大后听当地百姓说的）。百姓围观龙时，曾“敛席覆其体，数里闻腥膻。一夕雷雨过，此物忽已迁”。

有趣的是，从此事起，“堕龙发出腥膻味”“招引苍蝇”“龙鳞可夹死苍蝇”“百姓用席棚覆盖其身体”“向龙身浇水”“龙在一次雷雨后突然升天消失”，成了后世很多堕龙事件的共同过程。如“道光十九年（1839年）夏，有龙降于乐亭浪窝海口，寂然不动，蝇蚋遍体，龙张鳞受之，久而敛以毙焉。因覆以苇棚，水浇之。如是者三昼夜。忽风雨晦冥，雷电交作，龙遂升天去”（《永平府志》）；又如“乾隆五十八年（1793年）……堕一龙于东乡去城十余里某村，村屋崩塌。蛇然而卧，腥秽熏人。时正六月，蝇绕之。远近人共为篷以避日。久不得水，鳞皆翘起，蝇入而咕嘬之，则骤然一合，蝇尽死。州尊亲祭。数日，大雷雨，腾空而去”（冯喜庚《聊斋志异》附记）。

到了1944年，松花江陈家围子又发生了一起堕龙事件。一些亲历者活到了20世纪90年代，上海辞书出版社的编辑马小星和朋友采访了他们，并出版了《龙：一种未明的动物》一书。在这个事件里，也出现了龙腥膻不堪、鳞片夹死苍蝇、群众为龙浇水搭棚、雷雨后龙腾空飞走的事情。马小星认为，不同时期、不同地点的堕龙事件，对龙的描述都相似，群众也采取了同样的救援措施，证明龙真实存在，并已在民间形成了规范化的救援流程。

但《西游记》著名研究者李天飞认为，正因如此，才说明堕龙事件是假的。因为并无任何《堕龙救援手册》之类的史籍存在，所以不同地方、不同朝代的人，面对堕龙应该做法不同才对，而不是无师自通地运行同一套流程。我认同这个观点。哪怕是今天的鲸鱼搁浅，我们也能看到，有的事件里大家浇水救助，有的事件里大家合影留念，还有的是报警。在鲸类救助知识相当普及的今天，尚存在如此大的差别，旧社会的农民怎么会那么整齐划一？之所以对堕龙的描述和救治如此相似，很可能是因为这本来就是一个民间传说套路而已。

1934年《盛京时报》报道的营口堕龙事件，附有一张龙骨骸照片，使其成为最著名的堕龙事件。照片中的脊骨酷似鲸鱼脊椎，但数量比鲸的少，应是残缺造成的。当时报载『尾部为立板形白骨尾』，看图片，那『白骨尾』似乎是鲸鱼肩胛骨。从脊椎脊突方向可知，龙头被错误地摆在了尾端，应是从河滩搬至『西海关码头四署房北空地』陈列时不慎造成的。龙头也酷似须鲸的头骨。唯有头部的大角，很难用『好事者把下颌骨插在头骨孔洞上』解释。因为，此角与须鲸下颌骨形状并不相似。此照过于模糊，连龙角有几个分叉都有好几个解读版本，所以虽然真相至今未明，但不足以确证龙的存在

營川墜龍 研究之一
水產學校教授發表
蛟類涸斃

长须鲸的骨骼。长须鲸密集活动于渤海和黄海，在辽宁菊花岛、金县都有搁浅记录，与『营口堕龙』地点十分接近

比如，南方盛行的各种“水猴子”传说，也是彼此类似：水猴子在水里力大无穷，能把人溺死，但上岸后软弱无力。很多人为孩子讲述时，常常说自己亲眼见过，导致现在我的很多微博粉丝还坚信水猴子是真实存在的。中华人民共和国成立后由此产生的“毛人水怪”谣言，甚至引发了社会恐慌。其实，它脱胎于古老的“无支祁”水猿传说。还有，我爷爷曾绘声绘色地告诉我，北京北新桥有一口井，是海眼，里面被刘伯温锁住了一条龙，锁链搭在井口，日本人和红卫兵都试图拉出锁链，但越拉，井水越翻腾，就吓得丢了回去。长大后我才知道，中国各地都有大同小异的“锁龙井”传说。再说简单点的例子，“鬼”的目击事件更多，从古代的闹鬼到今天的灵异事件，多少“目击者口述”，还有照片、视频，难道就能说鬼是真的吗？其实想一想，龙的真实性，和水猴子、鬼是一个档次。

看到这里肯定有人会说，你一个搞科普的，被科学洗脑了，千方百计要否认龙的存在。不，我虽是自然科学专业出身，但对神秘生物有强烈的兴趣，打心眼儿里希望世上真有龙。但越感兴趣，越要冷静分析。我只能说，目前所有“证据”都不足以让我相信龙的存在。

龙的原型 ⑦

所以，认为龙是一种人创造出来的神兽，可能更合理一些。人创造的所有神兽都有个特点：哪怕再怪异可怖，也是现实元素拼凑起来的。那么龙的原形是什么呢？有氏族图腾合并说、鳄鱼说、蜥蜴说、蛇说、龙卷风说等，马小星甚至猜测龙是一种孑遗的石炭纪迷齿两栖类，能像乌贼一样喷水，用反作用力飞起来。我实在不能接受这种说法。

我最感兴趣的是星象说。在中国古代星图中，有相连的7个星宿：角、亢、氐、房、心、尾、箕，组成了“东方苍龙七宿”，在夜空中是一条非常大的龙形。《易经》里不是有潜龙勿用、飞龙在天、亢龙有悔之类的晦涩词句吗？明末的黄宗羲、民国时期的闻一多、现代的天文考古学家冯时等学者认为，这些“龙”全都指的是东方苍龙星象。这样一来，《易经》里的这几句就非常合理了。

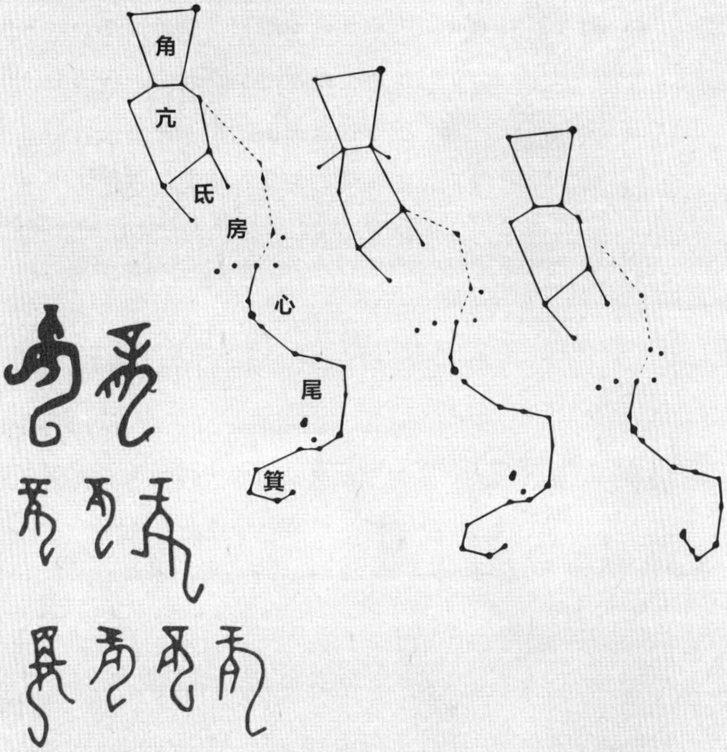

甲骨文和金文的『龙』字，是头顶怪角、张开大口的巨蛇。此怪角和甲骨文『凤』字头顶的饰物相同，可能同指华丽的冠饰。也有人认为，头顶的不是怪角，而是『辛』字，表示施刑、惩罚，意为一种能主宰万物生杀大权的蛇形物。《中国天文考古学》作者冯时发现，把东方苍龙各星连线后，和甲骨文『龙』字酷似，故认为龙的原型是苍龙星象。但冯时的这三种连线方式是他自创的，未见典籍记载。他无视了房宿的一些星，又把本不在七宿里的几颗星拉了进来，用虚线连接，有一种强行贴合甲骨文字形的感觉

初九，潜龙，勿用：初九这一天（有学者认为是冬至日），东方苍龙与太阳同升同落，晚上看不到，所以是“潜龙”。

九二，见龙在田：九二这一天，东方苍龙的头部露出了地平线。“二月二，龙抬头”说的也是此段时间的天象，春天雨季将要到来，农事活动即将开始。

九四，或跃在渊：东方苍龙已经全身跃上了夜空。雨季开始。

九五，飞龙在天：东方苍龙运行到了南中天。

上九，亢龙有悔：东方苍龙移过中天，开始西斜。

用九，见群龙无首：东方苍龙的龙头和太阳一同落山，晚上看不到龙头，只能看到龙身。收获季节到来。

东方苍龙星象在天空中非常巨大，带给人极度的震撼。它的位置预示着雨季的到来和离去，与农事关系重大，所以人们才向龙祈雨。这种说法，被不少学者认同。但我认为，这不会是龙的真正起源。各国文化里的星象，都是以地面上的事物命名的，所以龙也应该是这样，它起初是由动物元素加工成的神兽，星象是根据这个神兽形象命名的，不能本末倒置。但具体原型是什么动物，我们可能永远无法知晓。

这并不令人沮丧。可以确认的是，龙的形象由中国人创造，从上古一直延续至今，不断发展变化，见证了中华文明从未中断的历史。目前虽然无法证明它的存在，但这也好，既然是虚幻的，就不会灭绝，龙会永生在每个中国人的心里。

根据黄宗羲、闻一多、冯时等学者的理论，《易经》里的『潜龙勿用』，指苍龙七宿在地平线以下潜藏；『见龙在田』即角宿（苍龙的角）露出地平线；『君子终日乾乾』指苍龙七宿每天都在升高；『或跃在渊』为苍龙七宿全部跃出地平线；『飞龙在天』即苍龙七宿横亘南天；『亢龙有悔』为苍龙开始西落；『群龙无首』指苍龙头部落入西方地平线下（以上全部指日落后天黑不久时的夜空）。民谚『二月二，龙抬头』，指的也是日落后不久，地平线上可以看到角宿升起，即『见龙在田』。汉代时，苍龙确实是在惊蛰前后的日落后（二月二左右）露出头来，是农事开始的信号。但今天的星象与古时已有不同，如今苍龙露头的时间，已经延后到清明，即二月底三月初

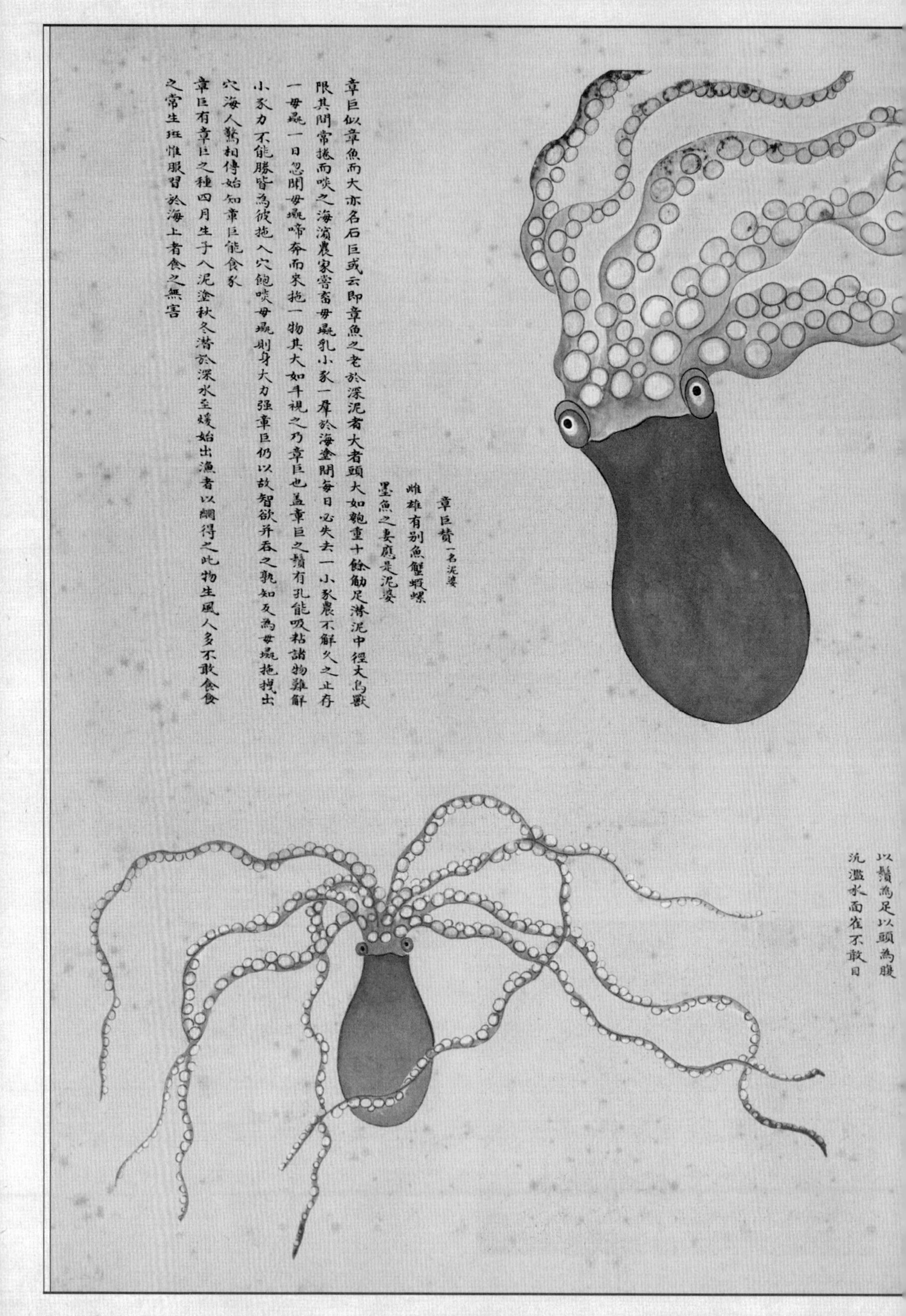
以鬚為足以頭為腹
沉濫水面在不敢目
章巨贊 一名泥婆
雌雄有别魚蟹蝦螺
墨魚之妻應是泥婆
章巨似章魚而大亦名石巨或云即章魚之老於深泥者大者頭大如匏重十餘觔足潜泥中徑丈鳥獸
限其間常捲而啖之海濱農家嘗畜母彘乳小豕一羣於海塗間每日必失去一小豕農不解久之止存
一母彘一日忽聞母彘啼奔而來拖一物其大如斗視之乃章巨也蓋章巨之鬚有孔能吸粘諸物難解
小豕力不能勝皆為彼拖入穴飽啖母彘則身大力强章巨仍以故智欲并吞之孰知反為母彘拖拽出
穴海人驚相傳始知章巨能食豕
章巨有章巨之種四月生子入泥塗秋冬潜於深水至煖始出漁者以網得之此物生風人多不敢食食
之常生班惟服習於海上者食之無害

【章鱼、章巨、鬼头鱼、寿星章鱼】

以须为足，以头为腹

软体动物门的动物，大多给人低等、无灵魂、一摊肉的印象，如蛤蜊、海螺、蛞蝓等。但章鱼仿佛是被上帝亲吻过一样，身体灵活，智力超群，外形竟和人类颇似，和它那些傻乎乎的亲戚完全不同。在《海错图》中，它频频化现为异物。

章魚産浙閩海塗中乾之閩人稱為章花浙東稱為望潮乾活時身大如鷄卵而長八鬚如足長尺許其細孔皆粘吸諸物嘗潛其身於穴而露其鬚蝤蛑大蟹欲垂涎之章魚陰以其鬚吸其臍而食其肉其餘諸蟲多為所食至冬蟲蟄無可食章魚乃自食其鬚至盡而死其體有卵如豆芽狀食者取此為美章

扑朔迷离的词源（一）

《海错图》中有这样两条章鱼。

一条很小，但腕足特别长，曰“章鱼”。另一条身体巨大，腕长度适中，曰“章巨”。聂璜说它“似章鱼而大，亦名石巨。或云即章鱼之老于深泥者。大者头大如匏，重十余斤”。看来，聂璜认为“章巨”的“巨”是巨大的意思。

但“章巨”只是这个名字的写法之一。唐代韩愈的《初南食贻元十八协律》里叫它“章举”，刘恂的《岭表录异》里写作“石矩”“章举”。与聂璜同时代的《格致镜原》载：“章举，一名章鱼，一名章拒，一名章锯。”《通雅·释鱼》：“章举、石距，今之章花鱼、望潮鱼也。”考虑到最早的两笔记录（韩愈、刘恂）都记载的是岭南对章鱼的称呼，所以“zhang ju”“shi ju”应为唐朝时岭南人对章鱼的方言称呼，文人用不同的字为其记音，就产生了这诸多写法。而且《岭表录异》还说：“石矩……身小而足长。”既然身小，那“ju”就不是“巨大”的意思了。后世文献里“章锯，以其足似锯也”“石拒，居石穴，人取之，能以脚黏石拒人，故名”等解释，更是望文生义了。

中国海洋大学的杨德渐、孙瑞平二位老师认为：“（章鱼）因运动时躯干部高举而疾行，腕吸盘圆润似图章，故名章举。”听上去挺合理，但问题是没有古籍这样解释过。相反，古人对章鱼吸盘的描述为“有肉如臼”（《阳江县志》）、“每足阴面起小圈子，密比蜂巢，错如莲房”（《然犀志》）、“脚皆列圆钉，有类蚕脚”（《记海错》），没人说像图章。而且乌贼、鱿鱼也有吸盘，怎么就不以章为名呢？

章鱼为什么叫章鱼，竟是一桩悬案。

章鱼能在短时间内爬出水面，从一个水坑爬向另一个水坑

滩涂猛兽 二

《海错图》中的那条“章鱼”，特点是身体小、腕极长，应该是中国浅海极为常见的“长蛸（音xiāo）”（章鱼还有个名字叫“蛸”，中国分类学界把蛸定为章鱼的简称）。它最前端的一对腕尤其长，能占整个体长的80%。如今，在黄海、东海环境稍好的岸边，退潮后翻开石头，都可以轻松找到长蛸。韩国有一道菜“活吃章鱼”，就是把活的长蛸的腕快刀切段，浇上韩式辣酱，趁其还蠕动时食用。有人甚至不切，直接把腕足缠在筷子上，整只囫囵塞进嘴。但如果不充分咀嚼，长蛸的吸盘就会吸住呼吸道。每年韩国都有几位活吃长蛸窒息而死的，这几只长蛸是成功的复仇者。

日本江户时期博物学家栗本丹洲绘制的《蛸、水月、乌贼类图卷》中的『手长鱆』，其实就是长蛸

聂璜还说它“潜其身于穴，而露其须。蝤蛑大蟹欲垂涎之，章鱼阴以其须吸其脐而食其肉”，这话基本正确。长蛸最擅挖洞，主要就是用最长的第一对腕来挖。挖好洞后，身体躲进去，第一对腕偶尔露出洞口。章鱼最爱吃虾蟹，若有经过的小虾小蟹，章鱼就用长腕将其卷入洞中。聂璜所说不准确的地方是，长腕不一定是用来做诱饵的，可能更多的是探查情况用。另外，长蛸还会爬出洞，主动发现猎物，扑上去。食用方法也不只是“以须吸其脐”，而是众须抱住蟹的全身，然后用鹦鹉状的喙啃碎蟹体。另外，长蛸个体小，“蝤蛑大蟹”它摆不平，小螃蟹还凑合。

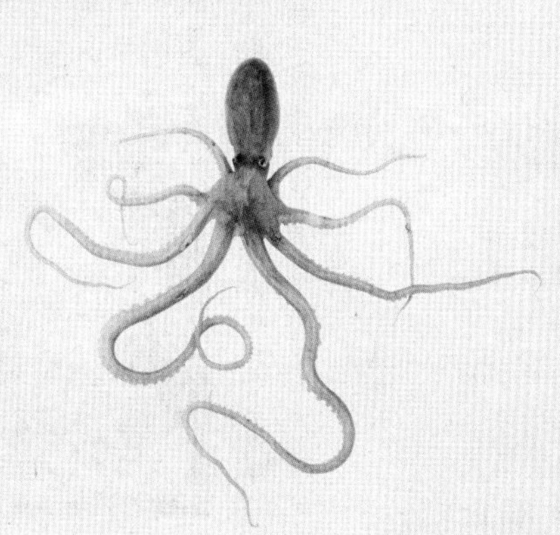

长蛸的第一对腕特别长，是挖掘洞穴的利器

真蛸又名『普通章鱼』，是全世界广布的一种章鱼，比长蛸个体要大

而旁边的“章巨”个体更大，“大者头大如匏（做水瓢的葫芦），重十余斤”。聂璜说章巨是“章鱼之老于深泥者”，这是不对的。他画的“章鱼”是长蛸，是小型种类，怎么老也不可能头大如匏。《海错图》中的章巨，可能是真蛸、蓝蛸、水蛸等中大型种类的章鱼。在聂璜笔下，章巨可以捕捉更大的猎物：“（章巨）足潜泥中径丈。鸟兽限其间，常卷而啖之。”他还举了个例子：有个海滨农户养了一窝猪，母猪常带着小猪在海涂间活动，奇怪的是，每天都要丢一头小猪，最后竟只剩母猪一个了。一日，农户忽听得母猪“啼奔而来，拖一物，其大如斗，视之，乃章巨也”。原来小猪都被这个大章鱼吃了，最后还要吃母猪，但母猪身大力强，把章鱼拖了出来。此事在海民之间传开，大家“始知章巨能食豕”。

这件事很难说是真还是假。大型章鱼能捉海鸥是确定的。2016年，澳大利亚有人拍到一段视频，一只章鱼抓住了海鸥，把它拖下水淹死了。那么把小猪崽抓下水淹死，努努力似乎也有可能。只不过整个事件不该是一只章鱼所为，每天都要吃头小猪，哪只章鱼有这么大的饭量！

韩国市场上的真蛸。这些个体都被热水汆烫过，才会如此饱满坚挺。若没烫过，身体会像一堆鼻涕一样

到了冬天，万物蛰伏，章鱼没食物了怎么办？聂璜说，到那时“章鱼乃自食其须，至尽而死……章即死则诸卵散出泥涂，至正、二月又成小章鱼”。

这段话里满是槽点。首先，冬天万物都蛰伏了，就章鱼在那硬挺着，自己吃自己玩，这不是有病吗？实际上章鱼冬天也会蛰伏。比如长蛸，就会潜入潮下带的泥中，减少活动。可能某些老弱个体扛不住死掉了，缺胳膊断腿地被浪推到沙滩上，人们就以为它们是自食其须而死。其次，章鱼的卵并不是死后才“散出泥涂”的，而是活着时就被产出来。雌性章鱼会找好一个空间（真蛸选择石穴、空陶罐、大螺壳，长蛸选择自己挖的洞，短蛸藏在大贝壳下），把卵产在上面（也有的种类会把卵抱在怀里）。雌性章鱼停止进食，在卵旁一心呵护，等卵孵化后，母亲往往力竭而死。聂璜把章鱼死亡和产卵联系在一起，也许就是因为这个。

一只真蛸在保护它的卵。聚集成串垂下的卵，被日本人称为『海藤花』

聂璜说章鱼的卵在体内时，“如豆芽状，食者取此为美”。在日本，这种吃法主要针对一种叫“短蛸”的章鱼。它和长蛸差不多大，但腕足很短，很可爱，眼睛下面有两个闪着金光的环斑。它的卵将产未产时，塞满体内，呈饭粒状，日本人称之为“饭蛸”，奉为珍味。

中国沿海也颇有好这口的，而且不限于短蛸。这两年短视频火了以后，中国的“吃播”博主更喜欢带卵的长蛸，它个儿更大，视觉冲击力更强（他们把短蛸叫“迷你八爪”，管长蛸叫“长腿八爪”或“大爆头”）。这些博主把长蛸做熟，然后面对镜头喊一句：“老铁们，章鱼爆头！”一口把章鱼的“脑袋（其实是胴部）”咬掉一半，把断面展示给观众：“有大米啊。”这大米，就是章鱼体内的卵。如果同时有墨汁流出来，那就叫“有米有墨”，是一个爆头视频成功的标志。

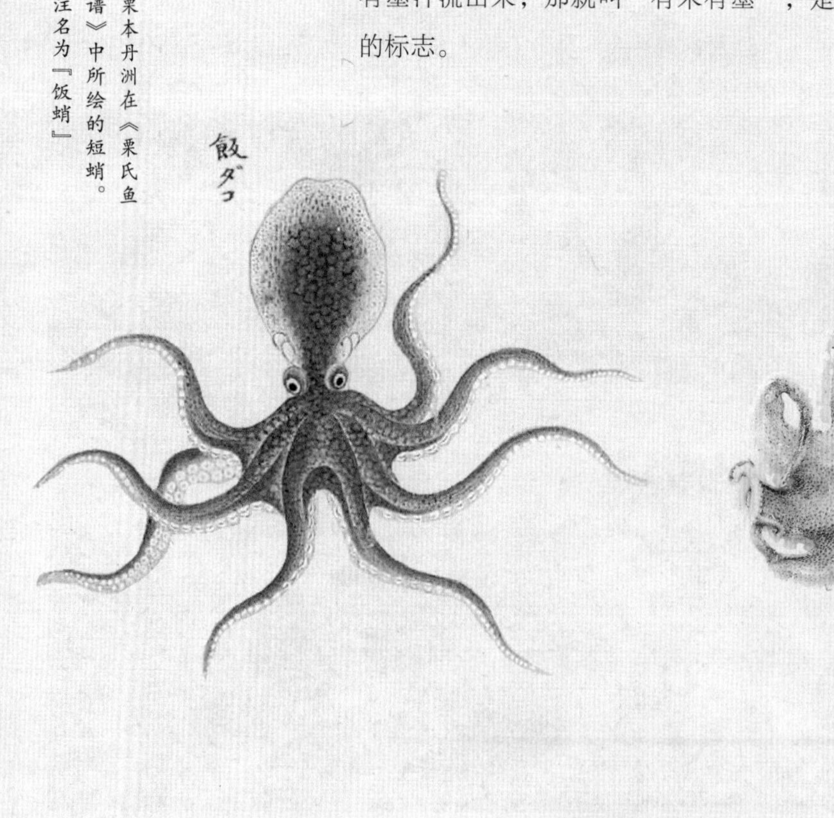

栗本丹洲在《栗氏鱼谱》中所绘的短蛸。注名为『饭蛸』

短蛸的腕短小，且眼旁有两个金环

会叫的海和尚

四

康熙十五年（1676年），有个叫李闻思的人，同周姓友人客居上海松江。有一天，他们路过一个叫穿沙营的地方时，看到海民渔网中抓到一只大章鱼："状如人形，约长二尺，口目皆具。自头以下则有身躯，两肩横出，但少臂耳，身以下则八脚长拖，仍与章鱼无异，满身皆肉刺。"而且它刚入网时，还像石首鱼一样会叫（石首鱼可以用鳔发声），叫了7声就死了。渔人叹为罕有，观者甚多，无人敢食。

李闻思把这件事告诉了聂璜，说这是"鬼头鱼"。聂璜则怀疑它是"海和尚"，一种传说中的海中人形生物。它们遇到海船，就会聚成千万只的大群，附在船旁，试图上船，能导致船翻人亡。舵师见了它，要赶紧向海里撒米、焚纸钱，才能躲过一劫。

这类传说，聂璜听过很多，然而他说，传说归传说，"见其形者几人哉？"听这语气，他应该是不信的。不，他很信，因为他在《海错图》里"三得其状"，也就是说加上这个鬼头章鱼，他一共记录了三种疑似海和尚的生物。虽然没有一次是亲眼得见，但都听人描述得有模有样，所以他认为"海和尚"是真实存在的。

《海错图》里的『鬼头鱼』

另外两笔记录，一个是龟身人脸的形象："康熙二十八年（1689年），福宁州海上网得一大鳖，出其首，则人首也。观者惊怖，投之海。此即海和尚也。"我在《海错图笔记》第一册中，曾对此物有专文详述。

另一笔记录，在康熙二十五年（1686年）。

新花园的吉兆 五

康熙二十五年（1686年），松江金山卫（今上海松江区一带）有个退休回乡的王姓官员，建了个自家花园。刚刚建好，就有个渔人网得一只“异状”的章鱼：“头如寿星，两目炯炯，一口洞然，有肉累累。如身之趺坐状而二足。盖章鱼之变相者也。”聂璜画下了它的样子，眼睛下面竟像人一样咧开一张嘴，身体只有两条腕，其他部分隐约像人盘腿而坐。

渔人把它放在盘子里，两条腕围着身体盘成一圈，献给了王大人。观者数千人，啧啧称奇。王大人很高兴，赏赐了渔人，让它把“寿星章鱼”放归于海。

这就是聂璜记录的第三例“海和尚”。他猜，这可能是“海童（海中的人形神秘生物，与海和尚传说多有重叠）”。

今天我们审视这两个异形章鱼，“鬼头鱼”如果为真，应该是一只畸形章鱼，正常的章鱼没有哪个种类长这个样子。“寿星章鱼”则几乎可以肯定是那位渔人加工而成。

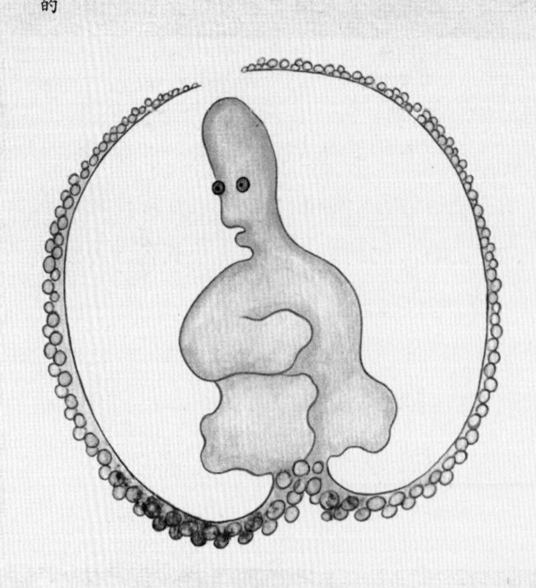

《海错图》里的『寿星章鱼』

第一，把一只正常的章鱼加工成那样很容易，剪掉6条腕，眼下划个口当嘴，稍微摆弄一下就行。第二，为什么寿星章鱼早不出现晚不出现，偏偏大官的花园刚完工时出现？而且渔人在献给大人时，说的话非常谄媚："天有长庚星，海有老人鱼，新建花园而有此吉兆，禄寿绵长之征，非偶然也。"这个马屁拍得过于明显了。

熟后的小型章鱼身体变硬，如果放在平底锅里不翻炒的话，会在锅里自动『站』起来。『印尼章鱼人』应该就是用这样的熟章鱼加工伪造的

中国自古以来就有"献祥瑞"的文化，官员时不常就给皇帝献个嘉禾（长茎多穗的稻子）啊，汇报某地"龙见于云中"啊，雍正帝甚至不堪其扰，下过这样的旨意："朕从来不言祥瑞。数年以来，各省嘉禾瑞谷，悉令停其奏报。"而百姓够不到皇上，只能给地主大官送祥瑞了，目的无非是讨几个赏钱，大人们就算不信祥瑞，也只能用钱打发走了事，"拒绝祥瑞"毕竟扫兴。

这种双方心照不宣的"劫富济贫"，止增笑耳。如果一个退休官员建个花园都要出祥瑞，那世界上的祥瑞储备将是海量的，大风刮倒一棵树，就得压死几个祥瑞。那样的世界，多闹得慌。

2009年1月7日，印尼苏西省巴东市的一位居民声称，自己烹饪章鱼时，听到婴儿般的哭声。循声找去，竟是锅中的章鱼冒出头来挣扎呼救，而且身体上竟显现出人脸。当地专家说，这是个畸形章鱼，人脸是煮熟后表面皮膜脱落造成的。我认为，章鱼熟后皮膜是会部分脱落，但不会凭空多出两个『人耳朵』，另外这张人脸实在像是圆珠笔画出来的，人为造假的可能性极大。此图根据新闻照片绘制

刀魚産福寧海洋身狹長而光白如銀首如鰣魚而窄腹下骨芒甚利按類書曰刀魚飲而不食非指此魚也謂鮆魚也鮆魚身小腹内無腸有飲而不食之理鮆魚字書作鱴刀字書有魛字鱴刀之刀當作魛又别有魛字以别魛魚則此魚當稱魛魚而從土俗則曰刀魚古人制字一字必有一物若槩稱刀魚則魛字將何着落乎

鮆魚字彙註薺上聲刀魚飲而不食今按鮆魚腹中甚窄止有一血縹似無腸可食其腹下如刀爾雅翼曰刀魚長頭而狹薄腹背如刀故以為名與石首魚皆以三月八月出故江賦云鯼鮆順時而往還按鮆魚江南浙閩江海皆有而閩中四季不絕大者長尺餘兩邊划水之上更有長鬚如髯者各六莖拖下閩中呼為鳳尾鮆常州江陰産子鮆小短僅三寸餘即有子極人多鮀其味甚美宦商常貽遠人按江陰志作鱭鮆鱭當與鮆同及考字彙則又註曰薺上聲魚名並不註明是何種魚字彙鱴魛鮆魚也鮆鮆從此〻渺小也亦作鮆其魚之來成行列也鱴魛象小刀之形别有魛魚則刀之大者矣

鮆魚贊

兩鬓蓬鬆魚中老翁

柰爾小弱只算幼童

【刀鱼、鲎鱼】

腹下如刀，饮而不食

刀鱼是『长江三鲜』之一，《海错图》里有两种刀鱼，外形差别巨大，哪种才是正宗的呢？

刀魚贊

有物如刀不堪剖爪

垂延公議見笑張華

组合式怪鱼 一

《海错图》中，有条大鱼格外吸睛。虽然体色单调，但又大又长，形似一把大铡刀。鱼腹密布锯齿，说是一把大锯子也可以。聂璜叫它“刀鱼”，说它“产福宁海洋。身狭长而光白如银，首如鳓鱼而窄，腹下骨芒甚利”。东南沿海有称带鱼为刀鱼的习惯，所以这是带鱼吗？不是。《海错图》中已有一幅带鱼图，且这幅“刀鱼”外形也不似带鱼。

那它是不是“长江三鲜”之一的刀鱼呢？更不是了。聂璜在旁边明确写道，长江里的刀鱼“非指此鱼也”。

这条鱼的头“如鳓鱼”。鳓鱼是标准的“地包天”，嘴朝上开。长这种嘴，身体银白又修长，加上鳍的位置，可以推测它是鲱形目宝刀鱼科的种类。聂璜又说此鱼“腹下骨芒甚利”，就是肚子上有小锯齿。这在鱼类学上叫“棱鳞”，鲱形目鱼类经常有这种结构，比如鳓鱼。但问题来了，宝刀鱼是没有棱鳞的！

我请教了几位鱼类学硕士、博士，他们也和我一样疑惑。按理说，棱鳞发达、头如鳓鱼的，应该属于锯腹鳓科，也就是鳓鱼所在的那个科，可这个科里没有体形修长到画中程度的成员。最后我们认为，这幅画还是宝刀鱼。尤其是此画的背鳍很靠后，和臀鳍位置相对，这个特点在鲱形目中只有宝刀鱼科才有。在各种证据都指向宝刀鱼的情况下，不能因为棱鳞一处疑问就否定全部。宝刀鱼虽然没棱鳞，但腹部边缘很薄，像刀锋。聂璜可能是有一个“这鱼肚子像刀”的印象，就把它错记成鳓鱼腹部那样的棱鳞了。

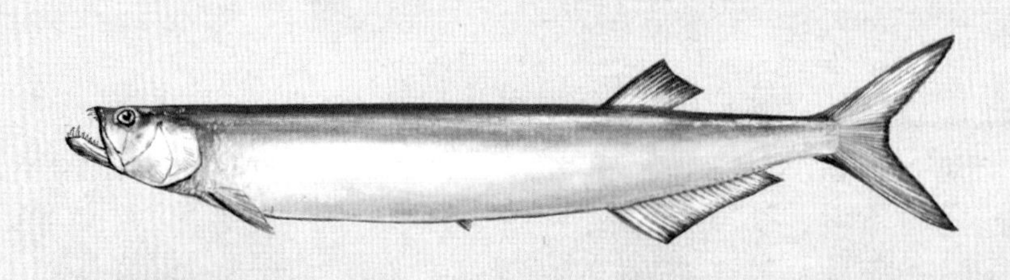

宝刀鱼应该就是《海错图》中的「刀鱼」。只不过，真实的宝刀鱼，腹部并没有「骨芒甚利」。

目前学界认为，中国只有三种鲚：凤鲚、刀鲚和七丝鲚

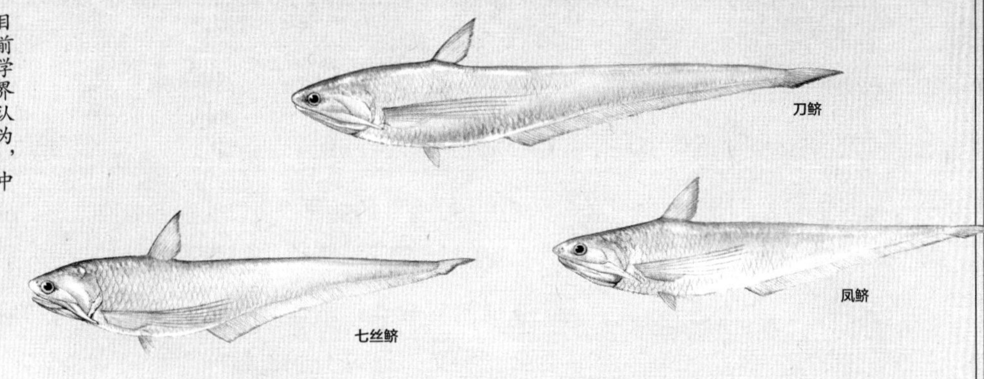

鲚就是鲚 ㈡

“长江三鲜”之一的那种正宗刀鱼，聂璜也画了，不过他称之为“鲚鱼”。鲚鱼是刀鱼的古称。各种古书对这种鱼有个共同描述：“饮而不食。”此说言出有据。刀鱼是洄游鱼类，在海里正常饮食，只要开始往江里洄游，就停止进食了。它的消化道本来就不大，此时更小了，容易让人以为它没肠子。所以聂璜说：“鲚鱼身小，腹内无肠，有饮而不食之理。”

鲚字怎么念？聂璜引用了一本明清常用字典《字汇》中的说法：“齐，上声。”我查了下《字汇》，全文是：“鲚：在礼切，齐，上声。”上声就是今天汉语拼音的第三声，“齐”意为此字发音类似齐字。“在礼切”是古代的一种注音法：反切法。其用法是：将“在”字的声母和“礼”字的韵母用特定规律拼在一起，就是“鲚”的发音。

可我不论怎么拼，都发不出“齐”的音。请教了搞语言学的朋友，才知道常用的反切法是《切韵》音系，但《字汇》是另一路“杂凑音系”，规律非常复杂，不能按《切韵》音系去推。朋友告诉我：“《字汇》的音不用管反切，直接读直音加声调就行。”鲚在《字汇》里的直音就是那个

"齐"，齐的上声，按理说念"qǐ"。

但中国人民大学的学者高永安认为，《字汇》的直音与众不同，来自《字汇》作者老家明代安徽宣城的方言，还要加一个"浊上变去"的规律，所以鮆在此处应该念"qì"。

鮆在别的韵书里，还有"jì""cǐ"等读音，好在不管它读什么，字义都等同于"鲚（jì）"。聂璜说鮆在《江阴志》里写作鲚，所以他怀疑"'鲚'当与'鮆'同"。确实如此，今天，鮆已经被视为鲚的异体字，基本不使用了。而鲚，是鲱形目鳀科鲚属的统称，饮而不食的长江刀鱼，就是鲚属的。

和宝刀鱼不同，鲚的腹下有锯齿状的棱鳞，即《本草纲目》所说"腹下有硬角刺，快利若刀"。明代的《异鱼图赞》甚至说它"可以刈草"。估计割两三根草还行，割多了鱼就得断了。

鲚属还有个特点，上颌骨的末端向后伸出两个角，像两撇胡子。聂璜画出了这个特点，不过准确度欠佳：画中两个角的末端没达到鳃盖，而中国的鲚属鱼类，这两个角应该达到或超过鳃盖的边缘才对。

三位一体江湖海 ㊂

在刀鱼产地，经常能听到湖刀、江刀、海刀的说法。海刀是生活在海里的刀鱼，其中一些洄游进江里就变成江刀，而湖刀一辈子生活在湖里，不洄游。三者之间差距甚小，很多人都不能分辨。

在这个问题上，科学界也迷糊了很久。中国境内记载过8种鲚，但有的是错误记载，有的是同物异名。这都怪各种鲚之间长得又像，变异又多。鱼类学家袁传宓经过厘定，认为中国有4种鲚：刀鲚、短颌鲚、凤鲚和七丝鲚。其中，刀鲚就是正统的刀鱼，生活在海里时算海刀，洄游进江就是江刀。太湖、巢湖里还有一种定居在淡水中的“湖刀”，袁传宓叫它“湖鲚”，作为刀鲚的亚种。短颌鲚定居在洞庭湖、鄱阳湖、长江中下游等淡水中，也算湖刀吧。凤鲚和七丝鲚生活在海里，洄游时只到河口，不往里深入，所以算海刀。

但是近年来的分子生物学研究发现，短颌鲚和湖鲚并非有效物种，只算得上刀鲚的淡水型种群而已。所以，现在我

定居在太湖里的『湖刀』，早在《山海经·南山经》中就有记载：『浮玉之山，苕水出于其阴，北流至于具区，其中多鮆鱼。』浮玉之山即今天杭州天目山，苕水是今天的苕溪，具区是太湖的旧称。这是明代蒋应镐绘制的《山海经》插图，水中的鱼即为鮆鱼

2017年12月，江西鄱阳湖的渔民正在晾晒“凤尾鱼”。它是刀鲚中一个定居淡水的种群，曾用名“短颌鲚”，数量很多

国鲚属只有三个有效物种：刀鲚、凤鲚和七丝鲚。其中凤鲚最早出现，它在演化中为了适应南方温暖海域，分化出了七丝鲚；为了适应寒冷的北方海域，分化出刀鲚。刀鲚又有一部分定居河湖，形成了淡水种群。

聂璜说鲨鱼“两边划水之上，更有长鬣如须者，各六茎拖下”，这说的肯定是刀鲚或凤鲚。因为刀鲚、凤鲚的胸鳍上缘都有6根特长的、游离的丝状鳍条，但七丝鲚有7根（它的名字就是这么来的），所以肯定不是它。

聂璜又说：“常州江阴产‘子鲨’，小短，仅三寸余即有子。”这应该是刀鲚的小型淡水种群，即所谓“短颌鲚”，它体型比洄游型刀鲚小一半还多，洄游型刀鲚能长到40厘米，但短颌鲚长到12厘米就能怀卵了。也可能是凤鲚，它分长江、闽江、珠江三个种群，属长江的种群最小，不超过20厘米。虽然它在长江口产卵，但很有可能被渔民捞起来，运到常州、江阴一带售卖，那里是刀鱼著名的销售集散地。

常见的凤尾鱼罐头，一般用海中的凤鲚和七丝鲚做成

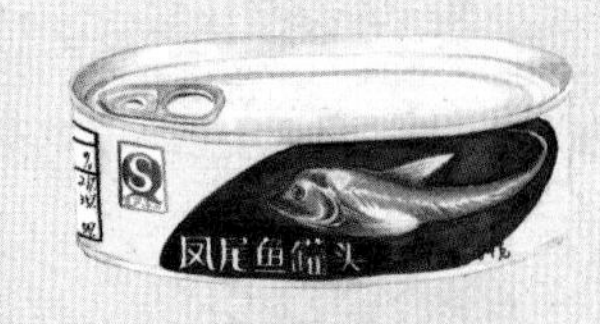

食客认为，只有江刀堪称美味，湖刀和海刀都相当一般。这倒是有些道理。江刀洄游到靖江、江阴一带时最好吃。此时它刚离海不久，也刚入江不久，属于正在向淡水鱼转化的海水鱼，兼具二者的优点。而且此时它体内积攒了大量脂肪，这也是好吃的一大原因。中国水产科学研究院测量过，江刀的粗脂肪含量是海刀的2.03倍。海刀要么是还没到攒脂肪的时候（洄游型刀鲚的海生阶段），要么只洄游到河口，用不着攒那么多营养，而且体型比刀鲚小很多（七丝鲚、凤鲚），自然不如江刀。湖刀就更别说了，根本不洄游，也就谈不上积攒脂肪，身体很薄，味道最下。

不过，这种差异外行未必能辨别，尤其是那些已经攒好脂肪但还没进入淡水的海刀，更是和江刀无甚差别。每到刀鱼季，都会有贩子捞来海刀、湖刀，当江刀卖。

另一种差别就更难分辨了。天下都以长江刀鱼为尊，其实除了长江，北到辽宁，南到广东，乃至朝鲜和日本，只要是通海的江河，都会有刀鱼游入。拿钱塘江来说，那里的洄游型刀鲚品质和长江的差不多，在当地只卖几十到上百元一条，可一旦被商人运到长江两岸，标上“长江刀鱼”，就能翻十几倍的价格。

江刀只有在产季那几天最贵，越往后越便宜。有人干脆把后捕到的刀鱼放进冰柜，冻上整整一年，到第二年产季再拿出来冒充新捕刀鱼来卖。

除刺秘法 五

刀鱼的刺极多，是品尝时的一大障碍。人们用很多方法来应对。简单的是煎炸、烤制伺候，把刺弄酥。聂璜说，江苏人会把子鲚“炙干，其味甚美”。

但清代美食家袁枚很鄙视这样吃。他看到南京人干煎刀鱼，大呼：“‘驼背夹直，其人不活’，此之谓也！”认为南京人为了对付刺而炸了刀鱼，实在是捡芝麻丢西瓜。

对于江刀，有更讲究的吃法。首先要选择清明前的鱼，“明前鱼骨软如绵，明后鱼骨硬似铁”。《清稗类钞》的去刺法是“以极快之刀刮为片，用箝去其刺”。还可以把鱼肉剁茸，包刀鱼馄饨。

清蒸刀鱼

上海餐厅『老半斋』每到春季就推出刀鱼面，引发市民排队购买

每到春天，江南的餐馆还会有刀鱼面上市。传说中的做法是把刀鱼钉在锅盖底下，锅里放水，盖上盖煮。几个小时后，鱼肉被热气煮化，落进汤里，刺却留在锅盖上。听起来很玄乎，我很怀疑其可行性。反正现在的饭馆没有这么做的，都是把刀鱼炒成鱼松，包入布包扔进水里，和猪蹄、火腿、鸡骨一起炖。把面条按苏式的“鲫鱼背”码法，整齐地码在碗中，浇上炖好的刀鱼汁即可，一般不加其他浇头，顶多来块肴肉。很多江南人春天不来这么一碗，就算没完成任务。

但是，现在普通餐馆卖的刀鱼面、刀鱼馄饨，就算标榜长江刀鱼，也基本不是江刀，而是湖刀或海刀。现在江刀太贵了，太少了，像样的江刀甚至不会进入市场，直接供给特定买家享用。

一刀难求？

六

长江里曾经有很多刀鱼。

1973年，江刀年产量有3910吨。当时的老照片上，随便一条小船就能捞上满满好几筐刀鱼，而且都是大鱼，每条3两往上。80年代，一网捞到几百斤也是常事，甚至有单网5000斤刀鱼的纪录。据渔民回忆："那时候吃刀鱼就跟吃白菜一样。"90年代初的长江江苏段，清明前的刀鱼1斤只卖3毛钱，清明后降到几分钱，跟草鱼价格差不多。刀鱼"大年"时，多到没人吃，用来喂猫。直到2001年，还出现过一次江刀"大喷"，鱼商去江上收鱼都不敢开普通小艇，因为装不下。

但是近几年，产量降到了匪夷所思的程度。2014年刀鱼产季时，江苏南通捕刀鱼的船反而大部分都停在渔港里。渔民说："出去一次亏死了！"有渔民忙活了6个多小时，只收获2条刀鱼，"连支付油钱和工钱都不够"。

2018年4月16日，从长江口捕到的刀鲚。这一网只抓到4条

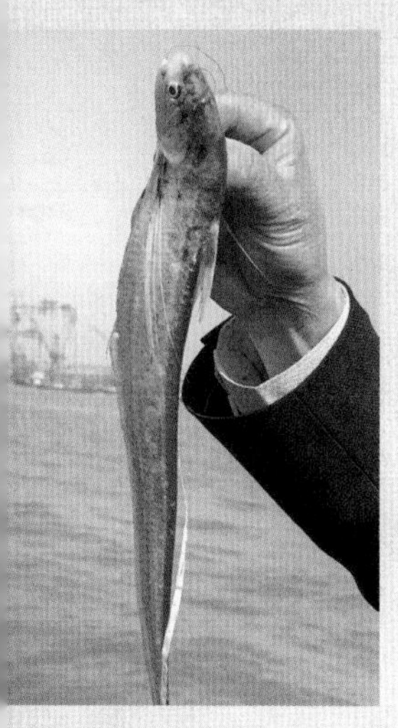

在中国鲚属鱼类中，洄游型刀鲚是体型最大的

2004年时，南京市渔政部门的专家算了一笔账：以一条长江刀鱼洄游100公里计算，它途中会遇到上百张渔网。江里到处采砂、筑坝也破坏了刀鱼的产卵场，水质污染也是大问题。现在长江里的鱼，往往带有柴油味，导致有些贩子卖养殖鱼时，为了假充野生鱼，还要往上洒柴油，使其散发“长江味”。刀鱼也未能幸免。曾有报道，有些渔民捕上的刀鱼带有“火油味”。钱塘江的刀鱼也面临污染的威胁。2013年，捞刀鱼的渔民向记者反映：“以前钱塘江边没有化工企业的时候，渔网用一年多也只是颜色发黄，现在网放到水中几天，颜色就会变紫、变红。”

把长江洄游型刀鲚从20世纪70年代至今的数据放在一起看，刀鱼的体长、体重、年龄都明显地小型化了，这表示大型的壮年个体已经被严重过度捕捞，最后侥幸来到产卵场的，都是小型鱼。这会导致它们的后代越变越小。

与此同时，研究者还发现一个相反的现象：在长江口沿岸的各种小鱼中，就属刀鱼幼体多，达到了55.2%～64.4%。研究者因此认为，长江洄游型刀鱼的大鱼被捞惨了，可小鱼还很多，只要保护力度大，一定可以恢复资源。我对此却有疑问：他们取样的长江口，也是一部分淡水型刀鲚和凤鲚的繁殖地，不能把所有幼体都算作洄游型刀鲚。所以，情况可能并没那么乐观。

其实，鲚属鱼类生命力是很强的，虽然江刀岌岌可危，但湖刀和海刀都很多。太湖刀鱼甚至越来越多，20世纪50年代年产2296.8吨，到2000—2003年，已是16 910.8吨。2004年，更是占了太湖所有渔获物的78%，具有绝对优势。所以，如果进行有力的保护，江刀恢复元气不是没有可能。当然，关键在那个“如果”。

全人工奇迹

七

在恢复资源之前，人工繁殖是一条必经之路，可科研人员屡屡碰壁。江刀属于“强应激性鱼”，说白了就是容易激动，被捞出水后一赌气就死了，就算侥幸成活，接下来的运输、入池，每个步骤稍受刺激，都会大量死鱼。

后来人们用了“灌江纳苗”法，就是把江水引到鱼塘里，水中的江刀野苗也就顺着进了塘。等鱼长大后，再用水流刺激，让它们性腺成熟，在池塘中自然繁殖。全程没有人为刺激，成活率提高了不少。但每条刀鱼性成熟的时间并不同步，靠它们自己繁殖，效果不好。

那人就搭把手，帮个忙吧！大家按照养其他鱼的办法，抓住刀鱼，挤压肚子，把精子和卵子挤到一个盆里，搅拌使其受精。可是，刀鱼的应激性实在太强了，挤完之后，亲鱼少则吓死一半，多则全死光。

上海水产研究所决定改变一下刀鱼的脾气。他们发明了“拉网锻炼”技术，定期在水中拉网，让刀鱼受到有限度的惊吓，几次之后，它们的胆子就大了，能耐受一定的刺激。

为了避免纯淡水养殖把洄游型刀鱼养成“湖刀”，研究所在秋季逐步提高水的盐度，冬季采用当地河口半咸水，春季再降盐，夏季纯淡水，这就模拟了刀鱼先入海、再回江的洄游历程。等鱼成熟后，用大桶把鱼轻柔捞起，转到催产池，全程让鱼不离水。然后在胸鳍下温柔注射催产激素，让它们自行交配产卵。

这样做的效果非常好，受精率达到 80.6%，亲鱼也不会死。2013年，上海水产研究所首次实现了苗种的规模化生产；2014 年，中国水产科学研究院建立了刀鱼的全人工繁育技术体系，还开发了刀鱼苗的抗应激运输技术，运输成活率达到95%以上，小苗不会被吓死了，也就不必非要灌江纳苗了。

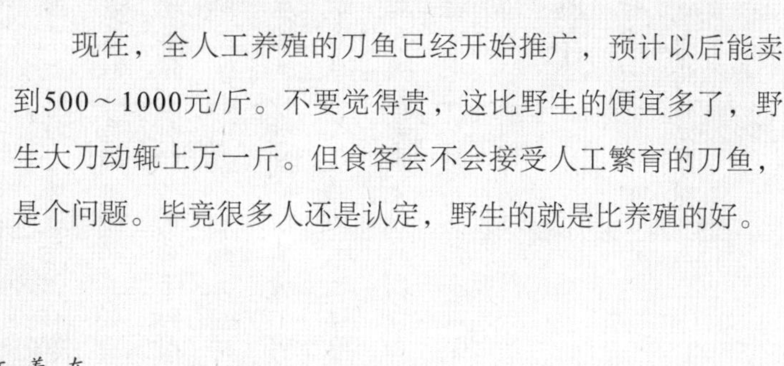

现在，全人工养殖的刀鱼已经开始推广，预计以后能卖到500～1000元/斤。不要觉得贵，这比野生的便宜多了，野生大刀动辄上万一斤。但食客会不会接受人工繁育的刀鱼，是个问题。毕竟很多人还是认定，野生的就是比养殖的好。

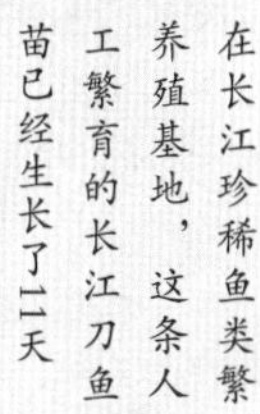

在长江珍稀鱼类繁养殖基地，这条人工繁育的长江刀鱼苗已经生长了11天

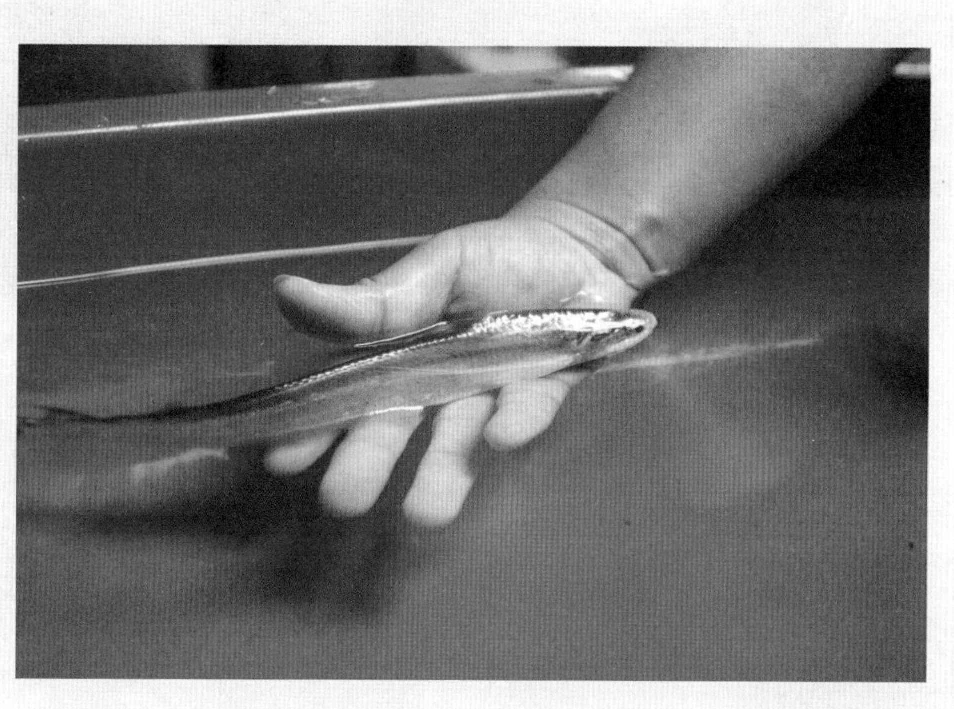

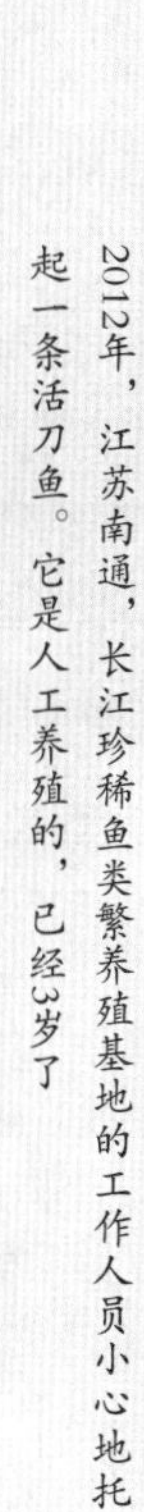

2012年，江苏南通，长江珍稀鱼类繁养殖基地的工作人员小心地托起一条活刀鱼。它是人工养殖的，已经3岁了

鰳魚考彙苑云腹下之骨如鋸可勒故名出與石首同時海人以氷鮝之謂之氷鮮字彙不解但曰鰳鮝閩粤志俱載按此魚腹下有利骨如刀頭上有骨為鶴身若翅若頸若足並有雜骨湊之儼然一鶴兒童多取此為戲其嘴昂其領厚白甲如銀而背微青肉内多細骨凡鹹魚糜爛則難食獨鰳鮝糟醉以糜爛為妙然閩地煖甚腥不耐久藏温台次之杭紹又次之姑蘇有蝦子鰳鮝更美至江北則香而不腥味尤勝越歷南北而食此定能辨之

鰳魚賛

腹下有刀　頭頂有鶴
有鶴難誇　有刀難割

【鳓鱼、鲥鱼】

腹下如刀，头顶有鹤

鳓鱼是最平凡的海鲜，但它的脑袋里有不凡的秘密。

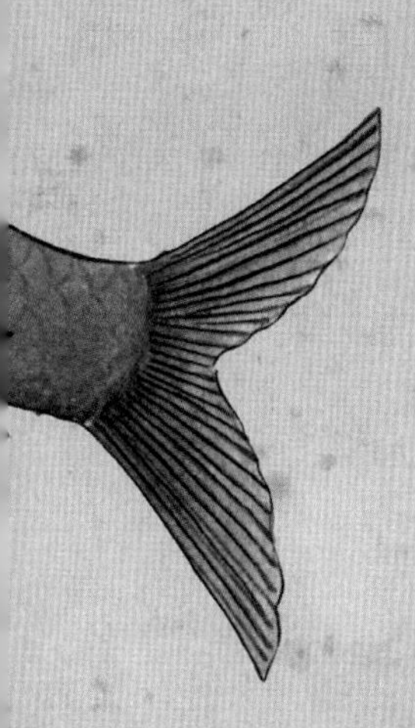

山寨版鲥鱼 一

《海错图》中，有两条鱼长得很像。一个是“长江三鲜”之一的鲥（音shí）鱼，一个是鳓（音lè）鱼。它俩的身形类似，大小相同，鱼鳞颜色相同（都是绿色勾边），鱼鳍颜色也相同（蓝色和黄色），而且，腹下都有一排锯齿。鳓鱼还因这锯齿得名。聂璜引《汇苑》云：“（鳓鱼）腹下之骨如锯可勒（割、划），故名。”

虽然聂璜在配文中没有明说鳓和鲥的关系，但他的画做出了暗示。鳓和鲥同属于鲱形目，鲱形目的常见特征它们都具有：身体侧扁、浑身银光（鲜活时有绿色光泽，所以聂璜用绿色勾边）、没有侧线、鳞容易脱落、鳞下有脂肪、鱼刺多、腹下有锯齿状的棱鳞。

不少古人都觉得它俩长得像。《雅俗稽言》：“鳓鱼似鲥而小。”戏剧家李渔说它俩连味道都像，“北海之鲜鳓，味并鲥鱼”。还有个说法叫“来鲥去鳓”，有人这么解释这4个字：传说鲥鱼游进淡水产卵，完事后瘪着肚子返海时，就变成了鳓鱼。还有一种解释是产卵前的鲥鱼最好吃，产卵后的鳓鱼最好吃。我感觉第二种说法更对，因为就算长得再像，鳓鱼那个地包天的嘴也和鲥鱼周正的嘴截然不同，被视为同一种鱼的肥胖阶段和消瘦阶段，眼神也太差了点。

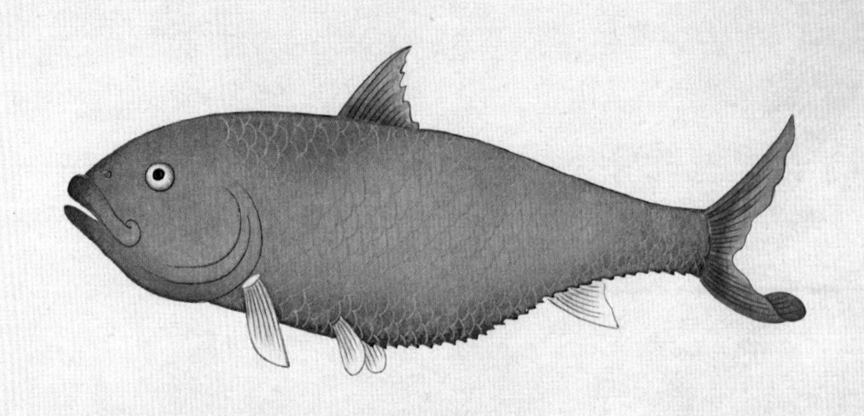

《海错图》中的『鲥鱼』，配色、轮廓与鳓鱼十分相似

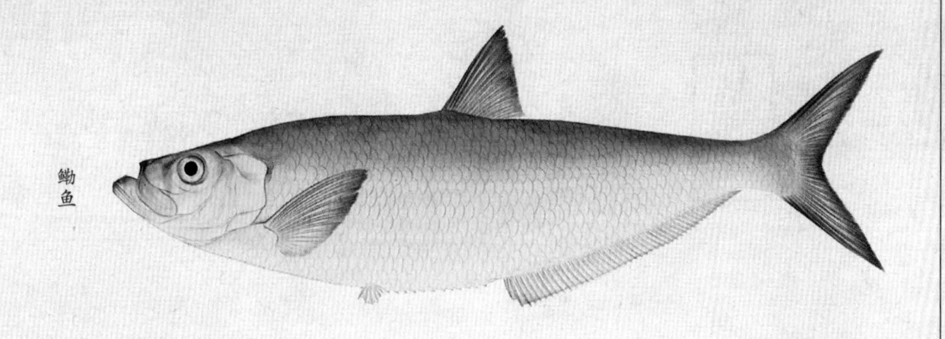

鳓鱼

烹饪鲥鱼时，最要紧的是不刮鳞，因为鳞下有脂肪，要靠它增香。鳓鱼鳞下也有脂肪，所以很多人也喜欢带鳞蒸。舟山渔谚："四月鳓鱼勿刨鳞。"

鲥鱼在明清时是皇室贡品，为了它，专门开设了劳民伤财的"鲥贡"。鳓鱼也是贡品。明万历《通州志》记载，明初，有个叫葛元六的"魁梧豪侠人"，要以百姓的身份送朱元璋100尾鳓鱼。当时朱元璋正在反腐，大家都担心这种给皇上送礼的行为会受到惩罚。葛元六笑着说："你们有好鱼不给父母吃吗？皇上就像我的父母，怕什么。"朱元璋收到鱼，不但没生气，还很高兴，问他："鱼美何如（这鱼有多好吃）？"葛元六"蒲伏前顿首对曰：'鱼美，但臣未进，不敢尝耳。'"朱元璋被拍得美滋滋，当即赐酒食，还把一尾鱼还给葛元六，说："劳汝，劳汝（慰劳你的）！"并且下令，通州每年都要进贡99尾鳓鱼。

但这些故事并没有给鳓鱼提升档次，鲥鱼已贵为"长江三鲜"，鳓鱼却一直是百姓眼中的寻常菜鱼。不过，菜鱼有菜鱼的幸福。鲥鱼洄游时要上溯到很深的内地，一路遭受滥捕、污染和大坝阻挡，已经功能性灭绝了。而鳓鱼只需洄游到河口，不必深入危险的人类领地，得以保全至今，大隐于市。

银包金 ②

《海错图》说鳓鱼“出与石首同时”，石首鱼就是大黄鱼。大黄鱼是春天洄游到近岸的，渔民叫它“春来”，听着像个中国小伙儿。鳓鱼到来时也是春天，并且正赶上紫藤花开，所以别名“藤香”，听着像个日本小妞儿。

鳓鱼的鱼汛期挺长，在浙江从农历四月一直延续到六月，五月中旬为最旺。浙江渔民有谚：“五月十三鳓鱼会，日里勿会夜里会，今日勿会明朝会。”

在春天，鳓鱼和大黄鱼往往同时出现。大黄鱼形成金黄色的大群，鳓鱼在外面围成银白色的镶边，渔民管这叫“银包金”。《异鱼图赞补》描述鳓鱼鱼汛：“渔人设网候之，听水中有声，则鱼至矣。”科学上并没有鳓鱼擅长发声的记载，但大黄鱼能用鱼鳔发出“咯咯咯”的声音，所以我怀疑渔人听到的声音，是大黄鱼发出的。大黄鱼一来，鳓鱼也就来了。

不过，野生大黄鱼现在被捞得只剩凤毛麟角，只能零星出现，根本形不成鱼群了。我们也无法得知“银包金”的景象到底是什么样子。

鲞的代言人

三

剖开后晾干腌制的鱼，称为鲞（音xiǎng）。台州渔民有个俚语词“晒鲞”，指揭发对方的丑事，因为这就像把人剖开，摊在光天化日下一样。

海鳗做的鲞，叫鳗鲞。大黄鱼做的，叫黄鱼鲞。唯有鳓鱼做的，可以直接叫“鲞”。鳓鱼鲞最常见、最受欢迎，所以成了鲞的代言人。

众鲞之中，聂璜独尊鳓鲞。他说：“凡咸鱼糜烂则难食，独鳓鲞糟醉，以糜烂为妙。”这说的是把鳓鲞用酒糟处理后的“糟鳓鱼”，既有咸味下饭，又有酒香扑鼻。他给鳓鲞也分了三六九等：“闽地暖甚，（鳓鲞）腥不耐久藏。温、台次之，杭、绍又次之。姑苏有虾子鳓鲞，更美。至江北则香而不腥，味尤胜。越历南北而食此，定能辨之。”看来聂璜走南闯北，鳓鲞常伴其碗箸之间。

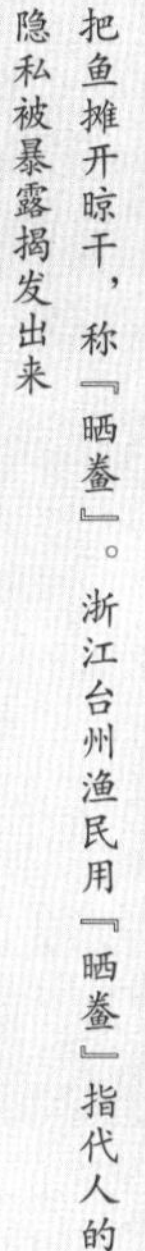

把鱼摊开晾干，称『晒鲞』。浙江台州渔民用『晒鲞』指代人的隐私被暴露揭发出来

我在宁波饭馆拍到的『鳓鲞蒸肉饼』半成品

鳓鱼只腌一次，叫“单鲍鳓鱼”，这个名字很有古意，因为鲍在古代指咸鱼。单鲍鳓鱼咸味适中。如果再抹盐腌一次，就是“双鲍鳓鱼”，更咸。最高境界是“三鲍鳓鱼”，鱼已经咸出风格，咸出水平，而且微带臭味。如果直接吃，就是宁波人所说的“压饭榔头”，一小块能吃下几大口白饭。想缓和一点，就把鲞斩块，摆在肉馅上，打个生鸡蛋，上锅蒸熟。若做此菜，饭请多蒸两碗。

至于被聂璜评价为“更美”的虾子鳓鲞，是苏州的名吃。《随园食单》记载过做法：“夏日选白净带子鳓鲞，放水中一日，泡去盐味，太阳晒干，入锅油煎，一面黄取起，以一面未黄者铺上虾子，放盘中，加白糖蒸之，以一炷香为度。三伏日食之绝妙。”泡去咸味的鲞，味道已然柔和。与焦糖色的河虾子一并入口，你想想吧。

鳓鱼做成鲞，还有一个好处，就是刺会变软。若是鲜食，那刺可是防不胜防。聂璜说鳓鱼“肉内多细骨”。作为天生刺多的鲱科鱼，鳓鱼令无数食客仰天长叹：“既生鳓，何生刺！” 清人郭柏苍在《海错百一录》中载有一事：“莆田林氏，以其祖先鲠死，岁取白鳓数尾，陈于神前，木棍捣醢之。”就是说福建莆田有家姓林的，祖先吃鳓鱼卡鱼刺而死，后人每年都会把几条鳓鱼放在祖宗牌位前，当场捣成酱，给祖宗出气。一家子跟鳓鱼结了世仇，搁今天得算行为艺术。

《海错图笔记》

《海错图笔记·贰》

《掌中花园》

《大自然的艺术》

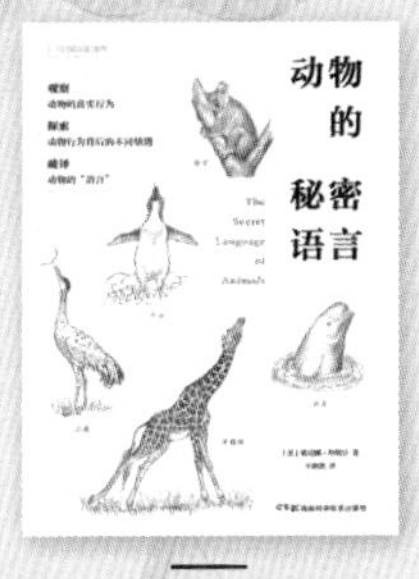

《动物的秘密语言》

《世界野生猫科动物》

《伴月共生》

《伴星共生》

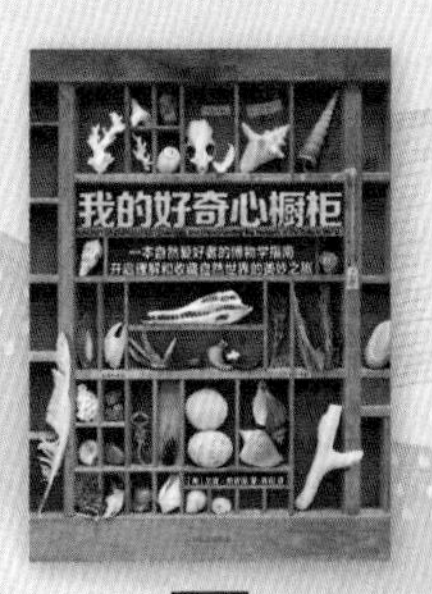

《我的好奇心橱柜》

微信号

天猫店

《海错图》有关鳓鱼的文字中，我最感兴趣的是这两句："此鱼……头上有骨，为鹤身，若翅、若颈、若足，并有杂骨凑之，俨然一鹤。儿童多取此为戏。"

鱼的头骨由很多细碎小骨组成，拼出些图案不难，但我倒要看看它能"俨然一鹤"到什么程度。上网找了半天，还真找到几张网友拼出的鱼骨鹤。让我惊讶的是，这鹤极其逼真，该有的地方都有，完全不是牵强附会的！

搜集到制作手法后，我一直想亲手做一个，但怕自己手笨，拖延了一年多，未敢动手。后来灵机一动，为何不找能人代劳呢？我联系到一位擅做鱼骨标本的自然爱好者——王聿凡，向他说明我的想法，并发给他制作流程。没多久，他就传来一套精美的照片，不仅把制鹤的整个流程记录得清清楚楚，连鹤的每块骨头在解剖学上叫什么名字都标出来了！最妙的是，他还把这只鹤拆成几个零件，完好无损地寄给了我。我重新装配时发现，"鹤身"上竟有几个天然的孔洞，位置正好供鹤翅、鹤腿、鹤颈插入。不过我拿到手的鱼骨已干燥，插入后还要用胶来固定。据说趁鱼骨尚软时制作，就能不用胶水，直接拼插而成。

这种玩具一度十分流行，还有一专用名词"鲞鹤"。饭桌上随手拼之，既能哄孩童一笑，又颇具文人雅兴。清代谜语书《师竹斋谜稿》里就有一条谜语：

"本是潜鳞，无端儿变作飞禽，虽不免受人剥削，脂膏尽，只他这瘦骨嶙峋，也自具飞舞精神。"

谜底当然是"鲞鹤"。

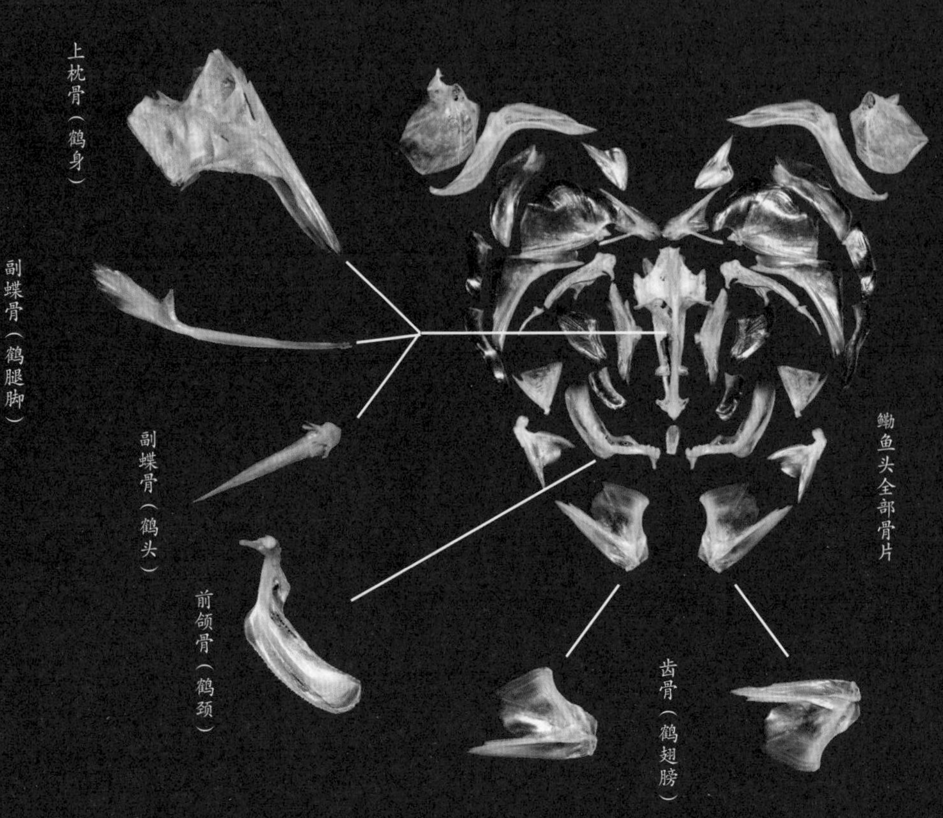
上枕骨（鹤身）
副蝶骨（鹤腿脚）
副蝶骨（鹤头）
前颌骨（鹤颈）
齿骨（鹤翅膀）
鰴鱼头全部骨片

鰴鱼头骨"畚鹤"制作步骤

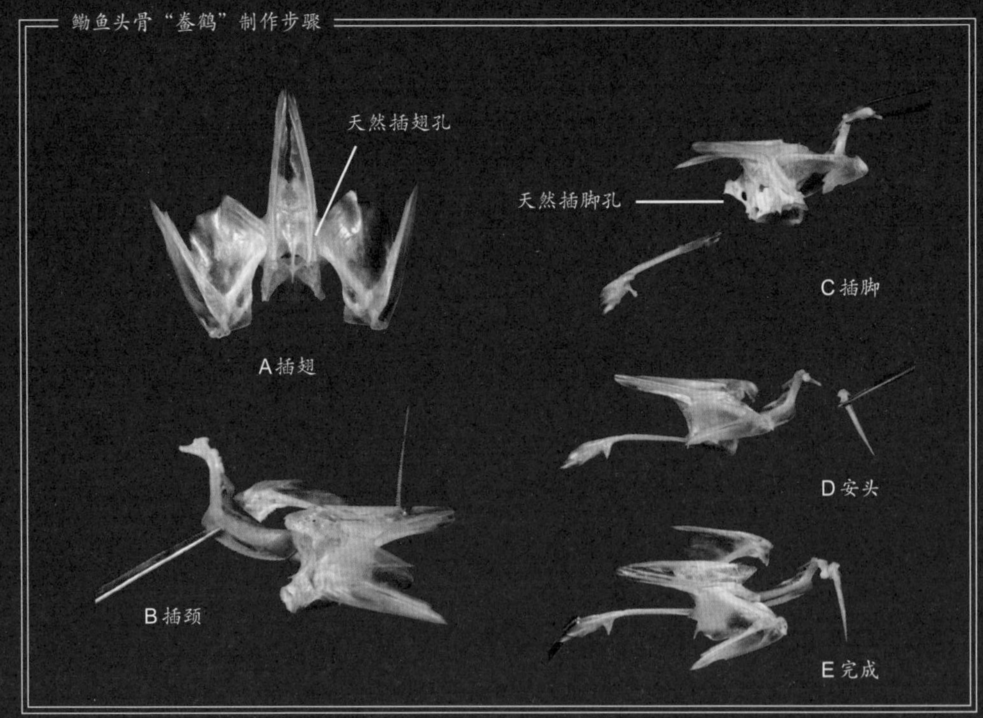
天然插翅孔
A插翅
天然插脚孔
C插脚
D安头
B插颈
E完成

还有很多文人写过鲞鹤诗词。点评《三国》的名家毛宗岗就写过《西江月·咏鲞鹤》，但我更喜欢清初诗人尤侗的《西江月·鲞鹤》：

闻说枯鱼欲泣，何为化鹤来归。霓裳玉佩自清辉，入肆终惭形秽。

北海已成速柘，南山几见高飞。鲲鹏变化是耶非？小作逍遥游戏。

鲲变成鹏，是巨鱼化为巨鸟。鳓变成鹤，就是微缩版的鲲鹏变化。生前鳞光闪闪“自清辉”的鳓，被三鲍之后，成为丑陋干尸，按理说是死不瞑目的。唯有借食客之手化为鲞鹤，方能驾鹤西归，聊慰在天之灵。

王聿凡制作的鲞鹤，如今摆在我的书房里

彙苑云松江海民於潮泥中鑿池仲春於潮水中捕小鯔盈寸者養之秋而盈尺腹背皆腴爲池魚之最其魚至冬能窜泥自藏本草云此魚食泥與百藥無忌久食令人肥健神女傳載介象與吳王論魚味稱鯔魚爲上乃於殿前作方坎汲水餌鯔鱠之

鯔魚贊

鯔魚啖泥
目赤背豐
至冬穴土
性同蟄蟲

【鲻鱼】

啖泥穴土，池鱼之最

这是一种脾气非常好的鱼，它浑身是肉，吃泥为生，而且可能是中国人最早养殖的海水鱼。

日本浮世绘画家歌川广重笔下的鲻鱼

方士牌生鱼片指定用鱼

一

三国时，吴国有位牛人，名叫介象。传说他法术高强，能让方圆一里内的居民全都做不熟饭，让家家的鸡犬三天内叫不出声，让全城的人都坐地上站不起来，是一位非常欠揍的方士。

不过吴国的君主很欣赏他，请他到首都武昌来，教自己法术。酒席上，二人聊到“鲙”这种料理。鲙和“脍炙人口”的“脍”基本同义。脍就是细切的肉，而鲙特指切得很薄的生鱼片、生鱼丝。和今天的日本人一样，古代中国人曾奉生鱼肉为高级美味。那么，哪种鱼做成“鲙”最美味呢？介象说：“鲻鱼为上。”

当时人们一般用淡水鱼做鲙。鲻鱼是海鱼，少有人做，而且武昌根本没有鲻鱼。吴主说你别闹了，鲻鱼“出海中，安可得邪？”介象就让人在院子里挖了个方坑，灌上水，开始钓鱼。没过一会儿，“果得鲻鱼”。吴主惊喜，一边让厨子切鱼，一边念叨着：“蜀地的姜做成的齑（音jī，吃生鱼的蘸料）最好，可惜现在没有。”介象一听，画了个符，塞在竹竿里，让一位仆人闭眼骑上去，再一睁眼，仆人发现自己被成功发射到了成都的菜市场。买了蜀姜再飞回来时，厨子正好把鲻鱼切完。

这个故事是东晋炼丹家葛洪在《神仙传》里记载的。聂璜在《海错图》的一幅鲻鱼画像旁引用了这个故事，不过他手抖了一下，把《神仙传》写成了《神女传》。

鲻鱼的后背乌黑（缁色），故名

刚捕上来的鲻鱼，被迅速剖腹取子

獭喜食之 ②

除了这个传说之外，我没有再找到中国人生吃鲻鱼的记载。反倒是日本人今天依然在生吃鲻鱼。在濑户内海和有名海，刺身是鲻鱼最受欢迎的吃法。日本人认为，鲻鱼生鱼片的透明感很强，而且白肉边缘有一点红色的“血合”肉，漂亮，鲜味非常突出。

中国人更爱鲻鱼的内脏。它的卵巢叫“乌鱼子”， 历来是最受看重的部位。《本草纲目》说，鲻鱼之所以叫鲻鱼，是因为它身体是黑色的，黑者缁也，故名。然而“粤人讹为‘子鱼’”，这个讹变除了由发音相似造成，还有一大原因就是鲻鱼“其子满腹，有黄脂，味美”。最好的情况下，一条鲻鱼15%的体重来自卵巢。李时珍还特意说，乌鱼子“獭喜食之”。水獭阅鱼无数，它喜欢的，错不了。

脏腑是金，肉是壳 三

乌鱼子的做法从古至今都没有变过。清代的《海错百一录》说："以其子成片，用薄盐薨之，味丰。"今人也是一样用腌的方法。一条鱼的卵巢分为两个大长条，一端相连，像一根链子极短的双节棍。用线绑住"链子"处加固，然后去掉表面的血管，裹盐腌渍，再把它们摆在板子上，摆满后再压一层板子，一层层往上码，用重量把乌鱼子压扁、脱水。最后让它们一片片躺在大空场上，让风和太阳完成最后的工作。

台湾人把乌鱼子称为"乌金"，以示其昂贵。我不喜欢这类命名思路，太功利了。不过光从外表看，这名字倒也贴切——做好的乌鱼子，就像大金条一样。走进卖乌鱼子的商店，简直就像进了金库。

《舌尖上的中国》拍过乌鱼子的吃法：抹上酒，拿火燎到外皮微焦，切成片吃。还说"炙烤的时间差上几秒就会有天壤之别"，很高端的样子。后来去台北，在宁夏夜市看到个摊位卖乌鱼子，我吓了一跳，这么高档的东西竟然夜市就有？再一看价格就了然了。别看在夜市，照样不便宜——一小块乌鱼

台北宁夏夜市的乌鱼子，一个牙签是一串，每串50元新台币

子、一块白萝卜、一段葱，用一根牙签串起来，也就一口的量，也不烤，就凉着卖，50新台币一串，合人民币约10元。

要搁以前，我绝对不买，10块钱来3串烤肉筋不比这带劲？不过当时我已经在考证《海错图》了，想起了书中的鲻鱼，总得了解一下研究对象吧，就买了一串，不，一牙签。一边嚼，一边努力推开捣乱的葱和萝卜，咂摸乌鱼子。口感就像月饼里的咸蛋黄，味道有点咸，有点香，有点腥，很一般。不过我这种夜市糊弄版吃法，能吃出惊艳感才怪。

除了卵巢，鲻鱼胃的幽门部特化成的球形肌胃（俗称乌鱼胘）和雄鱼的精巢（俗称乌鱼鳔）也很受欢迎。这些内脏都被掏空后的鲻鱼，被台湾人称为“乌鱼壳”。乍一听很没道理，鲻鱼明明身圆肉厚，按聂璜话讲“腹背皆腴”，即使内脏没了，也到不了“壳”的程度。但在渔民眼里，这就是壳。采收乌鱼子时，大量鱼突然被捞上来，取内脏后，市面上一下涌入了海量的乌鱼壳，可想而知价格一定很低。我看到脸书上的一位台湾渔民说：“要靠乌鱼壳赚钱，不如去吃土。”

卖乌鱼子的台湾老伯，好似开了一家金库

红眼鲮，青眼鲻 四

奇怪的是，不管是乌鱼子、乌鱼鳔还是乌鱼肫，聂璜完全没提及。为什么？我从他文中的两个字找到了线索。

在画旁，聂璜写了首《鲻鱼赞》，说鲻鱼“目赤”。再看画中鱼，眼睛也是黄里泛红的，并且眼睛很靠近头顶，头较扁，嘴较尖，这些特点都属于鲻鱼的亲戚——鲮（音suō）鱼。而真正的鲻鱼，眼睛位置较靠下，呈青黑色，头较钝。也就是说，聂璜画的根本不是鲻鱼，而是鲮鱼！

鲮鱼和鲻鱼同为鲻科，但不同属，外形极似，最大的差别就是眼睛颜色了。鲮鱼眼红黄色，鲻鱼眼青黑色。这一点古人早就知道。清代郝懿行的《记海错》里就说：“梭鱼，其形与鲻同，唯目做黄色为异，当是一类二种耳。”今天南方人管鲮鱼叫“红眼鲻”；山东文登人管鲻鱼叫“青眼”，管鲮鱼叫“黄眼”，都是一脉相承的朴素分类法。鲮鱼的内脏毫不名贵，只是普通的海鱼，它的优点就是比鲻鱼更耐寒，所以北方多养鲮鱼，南方多养鲻鱼，有“南鲻北鲮”之称。

鲮鱼泥腥味重，有时还有柴油味，在一年中的大部分时间都乏人问津。我家楼下超市的生鲜区，总是摆着几条鲮鱼，摆到眼睛干瘪，然后被超市扔掉，进几条新的接着摆。我怀疑它的作用只是装饰。唯有开春时的鲮鱼受追捧，饿了一冬天的它们来到混着冰碴的近岸海水中，大吃特吃，个个溜光水滑，口感上佳。山东龙口人管这时候的鲮叫“开冰鲮”，酱焖开冰鲮是当地人“猫”了一冬后的开年大菜。不过，由于鲻、鲮形态近似，有些鱼贩叫卖的开冰鲮，其实是鲻鱼。

我家楼下超市里永远无人问津的鲮鱼

聂璜也分不清这两者，所以把鲻鱼画成鲮鱼了。不过还好，除了形态上出了错，其他习性记载还都是鲻鱼的，错得不算离谱。

上：鲻鱼
下：鮻鱼

鱼塘交际花

五

好养，是鲻鱼的一大优点。聂璜引《汇苑》之言：“松江海民于潮泥中凿池，仲春于潮水中捕小鲻盈寸者养之，秋而盈尺，腹背皆腴，为池鱼之最。”

古人很少养海鱼。在陆地挖鱼塘吧，不好解决海水问题；在海里养呢，涨潮落潮大风大浪，难管理。但鲻鱼是个例外，它属于“广盐性”鱼，就是说在咸水、淡水里都能活，而且离岸很近、很浅的水就可以，正适合在江河入海口的淤积滩涂上养殖。今人养鲻鱼，用的还是当年松江海民的方法，在有淡水注入的港湾、滩涂上圈起池塘，称之为“鱼塭”。随着涨潮退潮，塭中水的盐度变化很大，但鲻鱼依然活得开心。

饲料也很好找。不少养殖的海鱼都是肉食性的，要投喂小鱼虾，成本甚高。但《海错图》指出：“鲻鱼啖泥。”它吃的是淤泥里的有机物。

2017年12月，我出差到深圳，当地的朋友严莹带我去了趟深圳湾的滨海大道。过一座小桥时，桥栏杆上趴满了人，都在往下看。下面是一条直接入海的排污渠，水很急，透过扭曲的波纹，隐约能看到很多大鱼在啄食渠底的淤泥。严莹说："这里常有鲻鱼来吃泥，是滨海大道的一景。"

都说虾米吃烂泥，鲻鱼这么肥壮的大鱼，也吃烂泥，养起来可太方便了。养殖密度低的话，都不用特意去喂。

另外，养殖户往往不会单养鲻鱼，而是把它和其他动物混养。它能和对虾混，和梭子蟹混，和海参混，和蛤蜊混，和其他海鱼混，甚至放进淡水池子和四大家鱼混……鲻鱼能成为鱼塘交际花，一是因为它吃有机物碎屑，不会危害其他动物，反而能吃掉其他动物的残饵，净化水质；二是鲻鱼很爱闹腾，要么在水面扑腾扑腾地跳，要么集群吞食水面浮着的藻类团块，发出"叭叭"的声音，这可以给水体增加溶氧，让其他动物呼吸得更畅快。一旦它们不扑腾、不"叭叭"了，就是在提醒养殖户：水质出了问题，赶快检查吧！

2017年，我在马里亚纳群岛的军舰岛浮潜，从沙滩走下海没几步，就看到一群群的粒唇鲻，它们毫不怕人，身体是白色的，和海底的白沙子一样动人

家鱼变性，野鱼成汛

六

人养鲻鱼，总想让雌鱼更多，获得更多的乌鱼子。台湾渔民在这方面经验丰富。他们发现，鲻鱼是会变性的：一岁以内的鲻鱼看不出性别；一到两岁之间，大部分都是雄的；到了三岁，大部分又变成了雌的。有耐心的渔民会在一开始投苗的时候就不投太多，让鱼有较大的活动空间，长得快，以后就容易变成雌性，每年趁将鱼捞出来换新池的机会，再人工筛选一下雌雄。一般来说，雌鱼头宽体胖，雄鱼头尖体瘦。手握鱼头，可满握的话，大多是雌鱼，若只有七八分满，多是雄鱼。雄鱼就被直接卖到市场，雌鱼则继续养。这样养到第三年，就90%都是雌鱼了。

很多渔民养两年就想剖鱼取子，便给鲻鱼喂含雌激素的“变性料”或“导向料”。这个方法常年处于民不举官不究的状态。虽然有教授称雌激素的量极少，等到收获时早就代谢没了，但台湾最终还是禁止了给鲻鱼喂雌激素的行为。禁了也好，虽然按教授的配方，激素不会残留污染，但饲料厂和渔民没几个是按教授的方法去用的。

在野外，鲻鱼不必受此折腾，而且过得比其他鱼更好。2001年，江阴市渔政管理站报告，长江江阴段的鲻鱼已经连续第三年大量出现，形成鱼汛。“长江三鲜捕捞产量逐年锐减，而鲻鱼在长江下游鱼汛旺发，这是大家所未料及的。”

据管理站分析，这是因为长江频频建坝截流导致的。长江三鲜（鲥鱼、刀鱼、河豚）的洄游之路被切断，鲥鱼已经功能性灭绝（至今30多年未出现，就算还有残存，也无法维持正常繁衍）；刀鱼凤毛麟角；河豚虽然洄游路程短，但也没逃过宿命，已经完全依赖人工养殖维持血脉。但建坝使江水变缓，海水倒灌，有机物沉淀，微生物大量繁殖。爱吃烂泥的鲻鱼高兴了，纷纷游进长江狂欢。它们舔食着黑绿色的藻类，发出“叽叽”的声音，歌唱这美好的生活。

海鯔　身圓口小骨軟生鹹淡水味美本草鯔魚似鯉
海錯百一錄《卷一　来
身圓頭扁骨軟生江海淺水中吳都賦鮻鯔琵琶注
鯔魚如鯇長七尺蒼按水族皆多雌而少雄鯔魚為
最凡水居鮮無子魚螢子之類狀不容身子如雁鶩
鯔魚風定見網即匿倏水有韡紋以撞繂撞之或以
破絙倒影使入海套潮退圍之

《海错百一录》载：『水族皆多雌而少雄，鲻鱼为最。』说的就是鲻鱼成熟后会转为雌性的现象

第二章 介部

錢崑嗜爾官求補外

予蠏譜中序甚多皆冗長不便附謄今止録婦翁丁叔范序及自序二篇於後

婦翁丁叔范序曰昔張司空茂先在鄉閭時著鷦鷯賦既嗣宗見之嘆為公輔才夫鷦鷯微物也其咏之者亦渺小矣而識者須以公輔期之何哉蓋其所賦者小而其所寄托甚遠也聶子存菴余門下倩王也好古博學每遇一書一物必探索其根底覃思其精義而後止一日自寧台過甌城見蟹之形狀可喜可愕者甚衆土人悉能舉其名因取青鏤圖之并發抒其心之所得與所欲言者著之於冊使當世有嗣宗其以青眼讀之耶其以白眼視之耶抑亦以公輔期之而與張司空埒耶余皆不得而知之也馬況曰良工不示人以朴且從所好予於聶子蟹譜當亦云然

附蟹譜圖説自序

蟹之為物禹貢方物不載毛詩咏歌不及春秋災異不紀然而蟹筐蠶績引附禮弓為蟹為鱉係存周易三代而下載籍既廣稱述不一太元著郭索之名搜神傳長卿之夢撿棹録收嶺表擁劍賦入吳都化漆為水博物志也懸門斷癰筆談及之蟹醢蹠於説文蟹螯稱於世説淮南知其心躁抱朴命以無腸酉陽識潮來而脱殼本草論霜後以輸芒蟹經吾夫子定禮贊易而後其説不亦廣哉而未已也介士為吳俗之別名鈴公為青樓之隐語吕亢叙一十二種之形仁宗惜二十八千之費忠懿疊進惟其多矣錢崑補外又何加焉此半殼含紅之句既欣慕於長公而蹇蒲束縛之吟寧不垂涎於山谷也耶若夫旁搜雜類窮極遐荒則寄生於蚌者有之化生於蝶者有之力能鬭虎者有之智可捕魚者有之而且蟄若兩山述於廣輿身長九尺詳及洞冥姑射之區大稱千里善化之國繁生百足建寧志載直行獨異鼅鼊島産飛舉猶奇雖然盡信書之不如無書也聞知不若見知之為實也獨玩之不若共賞之之為快也戊午過甌把玩諸蟹得摹其形謾成斯譜聊為博物君子一噱云爾

【毛蟹】

何以解虫，唯有醋姜

《海错图》里的毛蟹，就是今天的大闸蟹。它为什么螯上有毛？为什么腹内有法海？又为什么叫大闸蟹呢？

岳父的鼓励

一

在画《海错图》之前，聂璜画过一本《蟹谱》。虽然里面的螃蟹种类后来都被他收录到了《海错图》中，但《蟹谱》原书毕竟是散佚了，我们只能从《海错图》中窥见此书的鳞爪。

《海错图》共四册，其中的螃蟹都在台北“故宫博物院”所藏的第四册中。在“毛蟹”这幅图旁边，有大量的文字，我以为都是介绍毛蟹的，仔细一看，只有蟹头顶那几句在说毛蟹，左边整页纸则是摘抄《蟹谱》的序。

聂璜刚完成《蟹谱》时，找了不少朋友写序，以至自己都吐槽“予蟹谱中序甚多”，并且“皆冗长，不便附誊”。他只把《蟹谱》中的两篇序誊抄到《海错图》中。一篇是他自己写的，另一篇是“丁叔范”写的。他是聂璜的什么人？“妇翁”，即岳父。看来谁都能得罪，岳父不能得罪。

聂璜的岳父对女婿很满意。他在序言中说：“聂子存菴余门下倩玉也。”我刚读这句时理解错了，以为是“聂先生‘存菴’了我家的倩玉姑娘”，还兴奋地想：“大发现！聂璜的媳妇儿原来叫丁倩玉！”但怎么也查不到“存菴”有娶妻的含义。

后来经人提醒才发现，我竟然忘了聂璜字存庵，庵又通菴，而倩、玉都可指代女婿或优秀的男子。所以这句话应该翻译成：“聂存庵先生，是我家的好女婿。”当然，“门下”又指学生，丁叔范是否同时是聂璜的老师，也未可知。

岳父继续夸：“（聂璜）好古博学，每遇一书一物，必探索其根底、覃（音tán，深）思其精义而后止。”并披露了聂璜作《蟹谱》的缘由：“一日，（聂璜）自宁台（今浙江省宁海、台州一带）过瓯城（今浙江温州），见蟹之形状可喜、可愕者甚众，土人悉能举其名，因取青镂图之，并发抒其心之所得与所欲言者，著之于册。”原来，聂璜是在浙江沿海看到了众多螃蟹，被其多样性深深吸引，才画出了《蟹谱》。

接下来，丁叔范拉了个典故：西晋时写出《博物志》的张华，曾为一种小雀鸟“鹪鹩”写了《鹪鹩赋》。竹林七贤之一的阮籍看了《鹪鹩赋》，惊叹张华有辅佐君王之才，因为“其所赋者小，而其所寄托甚远也”。聂璜的《蟹谱》也有异曲同工之妙。

丁叔范试问：假如阮籍活在当代，看了《蟹谱》，他将会“以青眼读之耶？以白眼视之耶？”会不会认为聂璜也有辅佐君王之才呢？“余皆不得而知也。”虽然表面说不知道，但谁都能读出来，丁叔范并不认为女婿画螃蟹是不务正业，反而十分欣赏。或许正是家庭的支持，让聂璜最终创作出了《海错图》。

四种绒螯蟹

二

《蟹谱》的序言，为什么单单写在“毛蟹”这幅图边上呢？因为中国人提到蟹，最正统的代表就是“毛蟹”，也就是今天的大闸蟹。

大闸蟹的正式中文名，叫中华绒螯蟹。但是中国的绒螯蟹不止这一种。多数学者认为，世界上有4种绒螯蟹，分别是中华绒螯蟹、日本绒螯蟹、狭额绒螯蟹、台湾绒螯蟹。它们全都在中国有分布。中华绒螯蟹占绝对优势，数量最多，个头最大。聂璜说：“北自天津，以达淮阳吴楚，南至瓯闽交广，无不产焉。” 其实向北何止天津，连辽宁都有。至于哪里的大闸蟹品质最好，“江北者肥而大，闽粤产者小而不多”。今天科学家调查，中华绒螯蟹的分布中心是长江、淮河之间，正是聂璜所说的“江北”。

世界上4种绒螯蟹的背甲轮廓区别。从上到下依次为狭额绒螯蟹、台湾绒螯蟹、日本绒螯蟹、中华绒螯蟹

绒螯蟹只在离海近的省份分布，古代内陆人往往不识。清朝官员黎士宏记载：“甘肃人不识蟹，疑为水底大蜘蛛。”北宋《梦溪笔谈》载，秦州（今甘肃天水）有人收到一只干蟹，百姓以为是怪物，谁家生病，就把它借来挂在门上辟邪，病人竟屡屡康复。作者沈括说，看来螃蟹在甘肃“不但人不识，鬼亦不识也”！

日本江户时代的《梅园介谱》中，作者毛利梅园对一只大闸蟹进行了写生，并附上了蟹的各种别名。从蟹两眼之间的额缘轮廓能看出，这是一只日本绒螯蟹

德国北莱茵河里的中华绒螯蟹，螯上浅色的绒毛表示它刚刚蜕壳。绒螯蟹属本来只分布在东亚，但1912年9月26日，德国阿勒尔河中首次发现一只中华绒螯蟹，据估计，可能是在清政府五口通商之后，蟹苗随德国商船的压舱水来到欧洲。现在，中华绒螯蟹已经入侵了欧洲北部广大地区。20世纪70年代后，由于水利建设、污染和胡乱引种，中国本土大闸蟹资源衰退。水产专家王武还曾从莱茵河荷兰段抓了上千只大闸蟹带回中国，试图选育复壮，但因养殖户违规操作而失败

毛手套之谜

㊂

绒螯蟹的一大标志，就是大螯上有绒毛。聂璜也说，叫它毛蟹的原因是“以其螯有毛也”。这毛有什么用呢？我看到网上有人“科普”：蟹爬到陆地上之后，可以依靠毛里存的水来呼吸。还有人说，蟹在水下的时候可以用毛挡住它自己，作为伪装。

这些都明显是拍脑袋胡说。一是绒螯蟹并没有这些行为，二是除了绒螯蟹，还有一些虾蟹的螯足上也有毛，但无法用同样的原因解释。比如中国南方的绒掌沼虾，雄性右边大螯上就有绒毛。中国近海还有一种“绒毛近方蟹”，雄性大螯上只有一块极小区域有绒毛，不细看都发现不了。这些物种的毛远不如绒螯蟹发达，肯定无法用来呼吸、伪装。那是不是跟求偶炫耀有关呢？有可能。毕竟雄性的毛比雌性的浓密许多。但雌蟹的毛又是干吗用的呢？目前似乎没人研究这个。我只在《中华绒螯蟹生物学》一书中看到一句描述：“（螯足的）绒毛大概有触觉功能。”若深挖下去，是很有意思的课题。

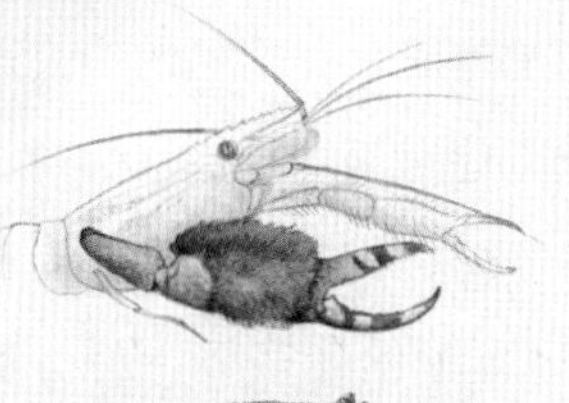

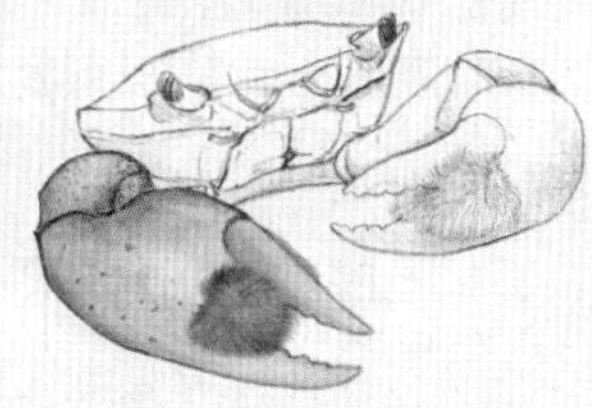

中华绒螯蟹、绒掌沼虾、绒毛近方蟹（从上到下）的雄性螯足上，都有绒毛

为什么叫大闸蟹 四

《海错图》对绒螯蟹只称“毛蟹”，而无“大闸蟹”之称，因为大闸蟹是很晚才诞生的名字。关于大闸蟹“闸”字的来历，有两种主流说法。

说法一：这个闸本是另一个字——煠。《汉语大字典》：“煠（音zhá）：食物放入油或汤中，一沸而出。”至今，盛产大闸蟹的江浙，还会把短时间水煮东西称为“煠一煠”。在很多吴方言里，煠的发音近似“zā”，而他们管“闸”也念“zā”，比如上海话，大闸蟹就叫“dǔ zā hà”。所以，闸和煠不管是在吴方言里，还是在普通话里，发音都是相同或酷似的。道光年间的《清嘉录》中说，时人把湖蟹“汤煠而食，故谓之煠蟹”。所以“zhá蟹”本是水煮蟹之意。而煠字因为太生僻，后来就被写成“闸”了。

说法二：小说家包天笑写过一篇文章，叫《大闸蟹史考》。文中说，一位住在阳澄湖附近的人告诉他：“凡捕蟹者，他们在港湾间，必设一闸，以竹编成。夜来隔闸，置一灯火，蟹见火光，即爬上竹闸，即在闸上一一捕之，甚为便捷，这便是闸蟹之名所由来了。”

介绍一下这种竹闸吧。它的止名叫“簖”（音duàn），就是在秋季狭窄的河流里，用竹条编成栅栏，拦在河中，竹条远高于水面，挡住螃蟹向海洄游的道路。在栅栏的中央选一段，做出“河门”：把竹子割断，让它顶端只比水面高一点点，这是为了让行船通过。船过簖时，竹条被压弯，断茬如一把大梳刮过船底，嘎吱直响，好似给船挠痒一样，船一走，竹条弹回原状。有个对联“船过簖抓痒，风吹水皱皮”，即此。河门两端挂上灯，据我了解，这灯是为夜行船指明方向的：请往两灯之间走，否则会撞上簖。所以包天笑的朋友说簖上之灯是为了诱蟹，未必正确。我托江苏溱湖卖蟹的朋友田怀海询问了多名蟹农，都反映大闸蟹无明显趋光现象，反而会躲避强光。蟹碰到簖后，绝不会掉头返回。它们一心要爬向大海繁殖，一定会贴着栅栏找出口，便落入渔人的陷阱中。

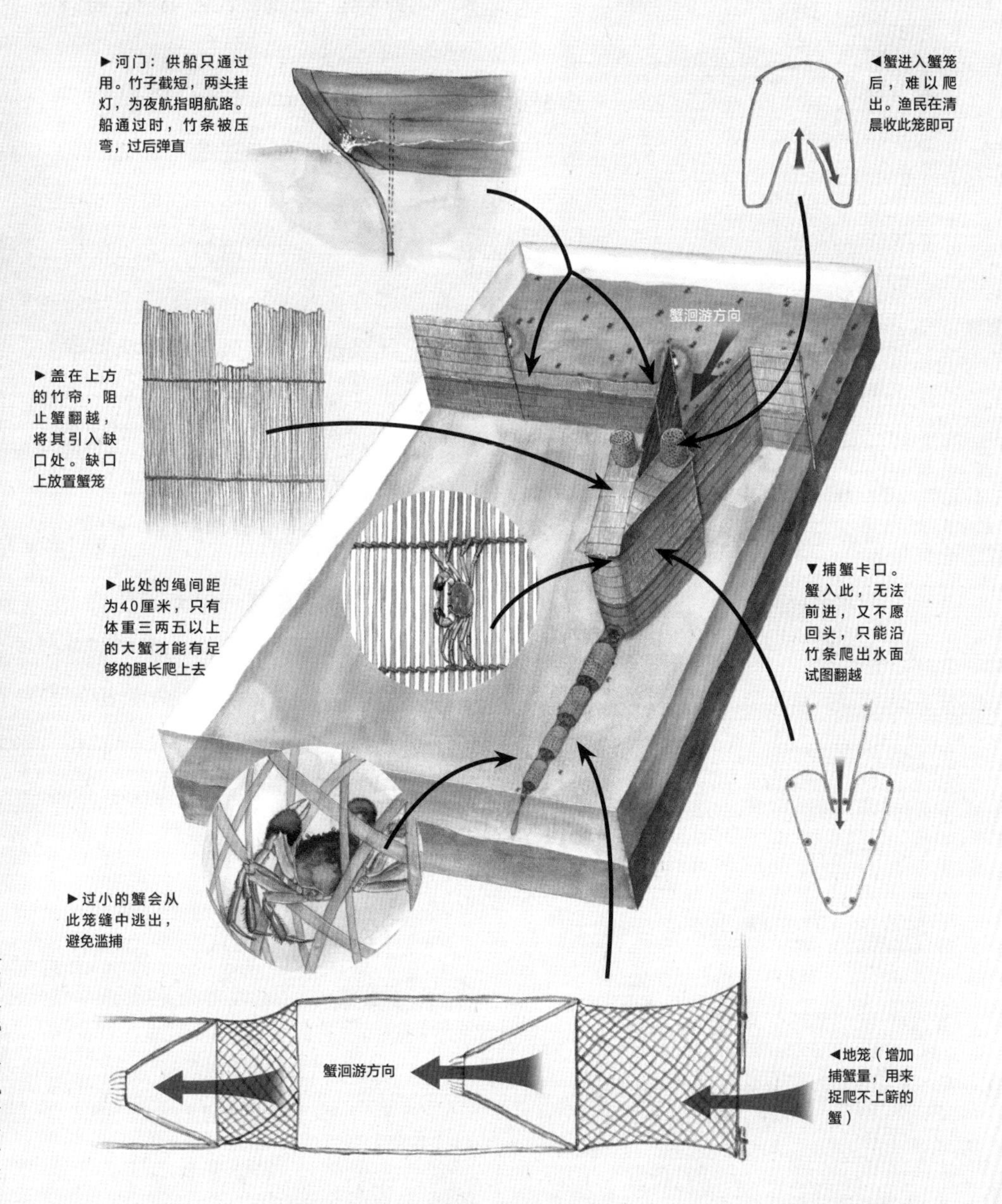

溱湖渔民的传统蟹簖示意图

二说之疑点

五

但问题在于，这种捕蟹机关一直被称为“簖”或“沪”，没人叫它“闸”。在古籍中，中华绒螯蟹常被称为簖蟹，如朱彝尊“村村簖蟹肥”，屈大均“网蟹何如簖蟹肥”。可今日，簖蟹这个词只剩江苏泰州一个叫溱湖的地方在使用，那儿的大闸蟹叫溱湖簖蟹。若“竹闸说”为真，今日我们应该称“大簖蟹”或者“大沪蟹”才更合理。这是此说的可疑之处。

“煠蟹说”也有疑点。2014年《羊城晚报》上刊登了《“大闸蟹”名之由来》一文，作者支持“煠蟹说”。理由是中华美食都是以烹饪手法命名，而不是以捕捉方法命名。我觉得这个理由站不住脚。因为“大闸蟹”并不仅指烹饪后的蟹，还指活蟹，而活体食材几乎没有用烹饪手法命名的，反而常用捕捉法命名。举个例子，用鱼线钓上来的带鱼，比网捕带鱼的卖相更好，卖带鱼的就会吆喝“钓带”来显示商品质优，哪有喊 “油炸带鱼”“红烧带鱼”的？这是“煠蟹说”的不合理之处。

大闸蟹之名的由来，主流观点就是这俩，并列于此，兼收并蓄吧。其他说法也有，如某学者认为，中华绒螯蟹的螯上绒毛、足上刚毛酷似人的睫毛，所以古人口语叫它“睫蟹”，睫和闸音近，后被写为闸蟹。这种毫无史料佐证的猜测，我难以接受。

吃蟹的传言

⑥

我和爱人都爱吃蟹，去年她怀孕，蟹端上桌却不敢动，皆因那个著名传言：“螃蟹寒凉，孕妇吃了会流产。”

古代确有孕妇不能吃大闸蟹的记载，但理由不是寒凉。妇产科医书《妇人大全良方》《济阴纲目》等书说：“食螃蟹，令子横生。”就是说，螃蟹是横着走的，所以孕妇吃了螃蟹，孩子就会横着生出来。这是明显的“取象比类”法，纯属臆想。

类似的说法还有：孕妇吃兔肉“令子缺唇”，就是吃了兔肉，孩子就会兔唇。还有吃鳖肉“令子项短”，因为王八会缩脖子。为什么不是令子项长？王八脖子伸出来挺长的嘛。如今，这些说法早就被扔进历史的垃圾堆了，只有螃蟹这条依然存活，还换上了“寒凉”的理由。但是事实最重要。在医学昌明的今天，只有青岛市报道过13例早孕期妇女

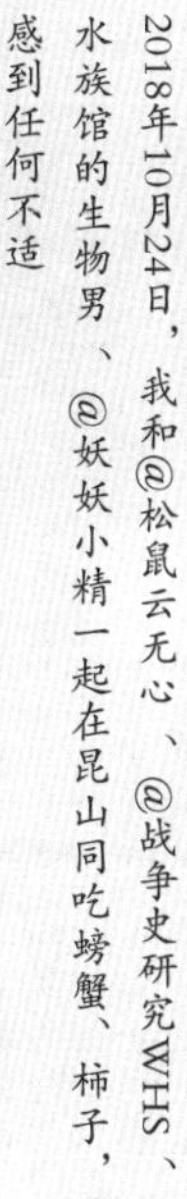

2018年10月24日，我和@松鼠云无心、@战争史研究WHS、@开水族馆的生物男、@妖妖小精一起在昆山同吃螃蟹、柿子，无人感到任何不适

吃海蟹导致先兆流产（先兆流产不等于流产，其中12例患者几天后症状消失，继续妊娠），分析结果是这些妇女对海产品过敏。而关于淡水的大闸蟹，并没有食用后导致流产、难产的可靠病例。

所以我跟爱人说："想吃就吃，只要不吃脏蟹、死蟹、没熟透的蟹，又对蟹不过敏，就没问题。我买的这蟹是品质最好的，个个活，又多蒸了一会儿，保证熟。您不来一大口吗？"说着把蟹盖一掀，握腿一掰，顿时"白似玉而黄似金"。爱人哪儿受得了这个？打这儿起，哪顿吃蟹也没少了她，最后顺利诞下一名可爱的小姑娘。

还有一个著名传言——"大闸蟹不能和柿子同吃"，并且讲出"科学"道理：柿子里的鞣酸会让蟹的蛋白质凝固，使人腹痛。到底是不是真的呢？2018年10月24日，我和微博大V@松鼠云无心、@战争史研究WHS、@开水族馆的生物男、@妖妖小精在江苏昆山参加"风物之旅"活动，正好是产蟹季，大家就买了一堆螃蟹和柿子，亲身试验。

我们吃的是熟透的柿子，软软的，一点不涩。食品专家云无心说，涩柿子鞣酸多，别说配螃蟹，单独吃多了也不行，容易生成胃柿石，所以一定要吃不涩的。

我一共吃了4个柿子，云无心吃了5个，其他人也各吃两三个。蟹呢，有清蒸蟹，有生的醉蟹，每人平均吃了五六只。为了让蟹和柿子同时下肚，我特意吃一口柿子，就一口螃蟹，并且让摄影师录了下来。

吃完之后我就把这事发了个微博，评论里各种人说："这俩不能一起吃，我妈/我爸/我上次吃了就吐了/拉肚子了！”这种评论其实是很强的心理暗示，肚子不疼也容易看疼了，但我一边看一边特意感受肚子，完全不疼。

后来，我们几位都没有任何不适（除了@战争史研究WHS 吃太多了有点撑）。所以可以告诉大家，我们有男有女，有老有少，螃蟹与柿子同吃了，没有问题。当然，我们几个人太少，样本量不够。但至少，这个堪称最著名的“食物相克”搭配，在我们几个人身上不管用。事实上，1935年，中国营养学的奠基人郑集也亲自同吃过蟹和柿，不但毫无不适，还活到了110岁。

“螃蟹的蛋白质多，柿子的鞣酸多，在肚内相遇引发凝固”这个说法，稍微一想就很不合理。鸡蛋、牛奶、肉也是高蛋白食物，可没听说柿子与它们相克。云无心告诉我，螃蟹容易积攒污染物、含有异体蛋白，未熟透的柿子鞣酸多，容易形成胃柿石，胃肠敏感的人，光吃螃蟹或光吃柿子，都容易引起不舒服。合在一起吃，不适的概率就提高了。但胃肠功能好的人，只要选择鲜活干净的蟹、熟透的柿子，哪怕同吃也没事。所以，不能把个别情况当成普遍规律。中国农业大学的营养学专家范志红老师对“蟹柿相克”有一段好评语：“吃了螃蟹再吃柿子，的确有人肠胃不舒服，但也有人吃完一点事没有。把这种不舒服称为相克，实际上是误导。有人吃了菠萝过敏，但你不能说人人不能吃菠萝；有人吃了虾肚子疼，再喝杯凉水肚子更疼，但你不能说虾和凉水相克。”

蟹柿同吃后，我还有个发现：柿子的味道竟然和大闸蟹特别搭。我惊喜地跟云无心老师分享了这个体会，他也同意。尤其是嚼略硬的雌蟹蟹黄时，来一口软柿子，柿子特有的香味和汁水正好可以浸润蟹黄，放大蟹的鲜甜。

蟹中的法海和蝴蝶

七

前外交部礼宾司司长鲁培新回忆，1992年日本明仁天皇访问上海，日方发现宴会菜单上有一道大闸蟹，立刻提议取消这道菜，因为他们知道大闸蟹多难剥，天皇嗑螃蟹状若被记者拍下，成何体统！中国人说，放心，我们都安排好了。

宴会当晚，许多日本记者早就得到消息，镜头全对准天皇，就等拍他吃螃蟹（这是什么心态）。结果，揭开蟹盖，里面是早已被上海厨师拆好的膏黄和肉，天皇体面地吃完了。事后还托日方礼宾司司长告诉中方：“中国朋友真有办法！”

这不算什么，吃蟹时，中国人的花样多的是。

其中一种玩法，是用蟹钳拼出一个蝴蝶。把螃蟹能活动的那根手指（可动钳指）掰下来，会带出两片骨片，这是用来附着开钳、闭钳的肌肉的。大的那片叫“闭肌内突”，小的那片叫“开肌内突”。把两个可动钳指并肩贴好，指尖朝下，一个向左，一个向右，把中间湿漉漉的绒毛使劲一摁，绒毛彼此纠结，干了之后就结为一体，变成蝴蝶形状了。细长的开肌内突是触角，宽大的闭肌内突是前翅，后边两个指尖就是蝴蝶后翅上的风尾。

大闸蟹的贲门胃里，藏着一个法海。『后贲门小骨』是其头部和胸腹部，『背齿』是脸部，左右的薄膜则是他宽大的袍袖

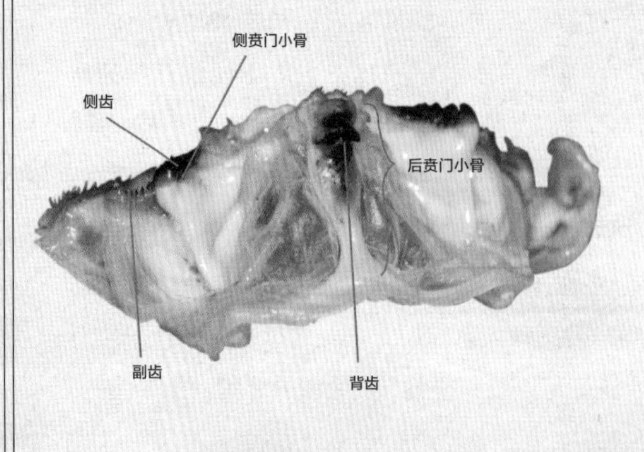

用蟹钳的可动钳指拼成的蝴蝶

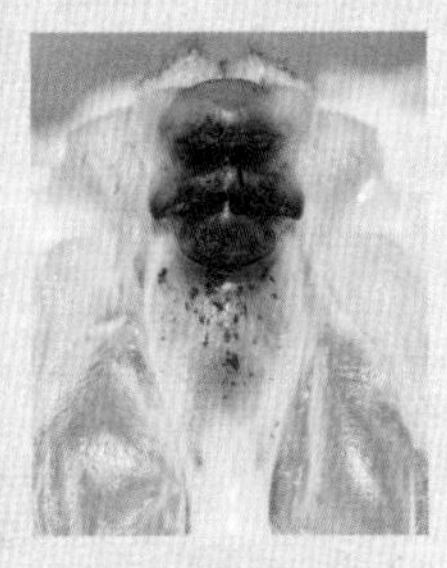

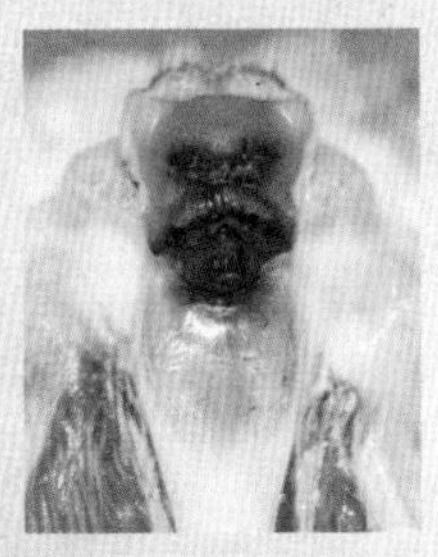

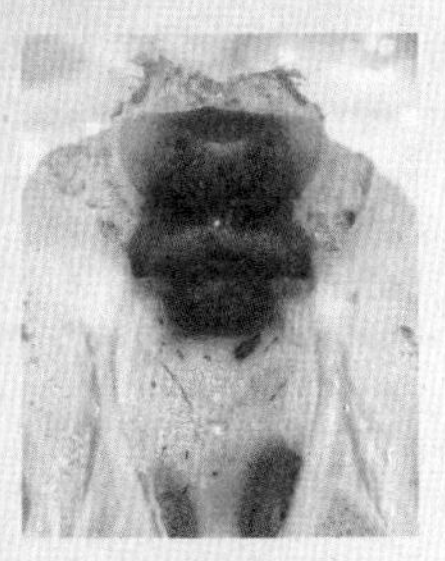

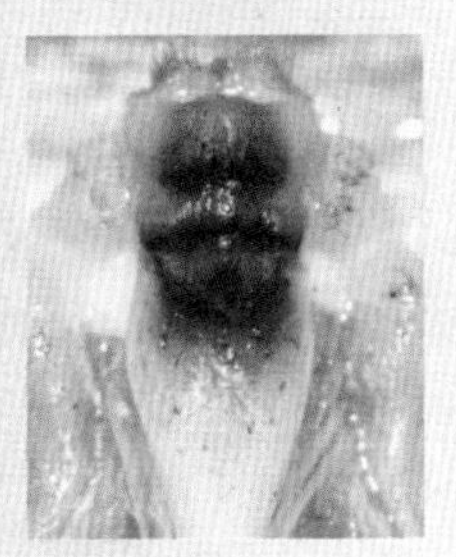

我用微距镜头拍下4只大闸蟹的『法海脸』，发现每个表情都不一样。个别法海还长有胸毛

我父亲儿时在浙江嘉善的亲戚家吃蟹，亲戚在餐桌上随手把蝴蝶拼好，扭头一摁，就贴在了墙上。这顿吃了几只蟹，墙上就落了几只蝶。

另一种玩法，鲁迅在《论雷峰塔的倒掉》里提过，他说，大闸蟹的体内有一个“罗汉模样的东西，有头脸，身子，是坐着的，我们那里的小孩子都称他蟹和尚，就是躲在里面避难的法海”。传说法海镇压白蛇后，玉皇要惩罚他，所以他躲到蟹壳里了。

法海怎么找？蟹盖揭开后，它会连在盖上，而不是“底盘”上。在螃蟹嘴后面，有一块三角锥形的东西，由薄膜组成，空心的，没法吃。从薄膜中央划破，把里面翻到外面，就能看到一个穿着宽袍大袖衣服的人，端端正正坐在那。眼神够好，还能看到胡子、眉毛，表情挺不高兴。我有一次吃了好几只螃蟹，用微距镜头拍下每只螃蟹里的法海，放大后发现，表情个个都不一样。

这个三角锥形的部位，其实是螃蟹的贲（音bēn）门胃。法海的眉毛、胡子，其实是胃里的“背齿”，身体两侧的两排锯齿，叫“侧齿”。螃蟹吃东西时，口器只是把食物简单地咬断，到了贲门胃里，背齿（法海的脸）和侧齿不断摩擦，才算把食物精细磨碎。

有人说，这个东西不是法海，是秦桧。我觉得不是。它的脑袋明明是个秃顶嘛！再说秦桧已经被人民群众关进很多食物里了，什么油炸桧、葱包桧、炸桧菜，饱受分身乏术之苦，不妨把蟹胃让给法海，也算给秦桧减负了。

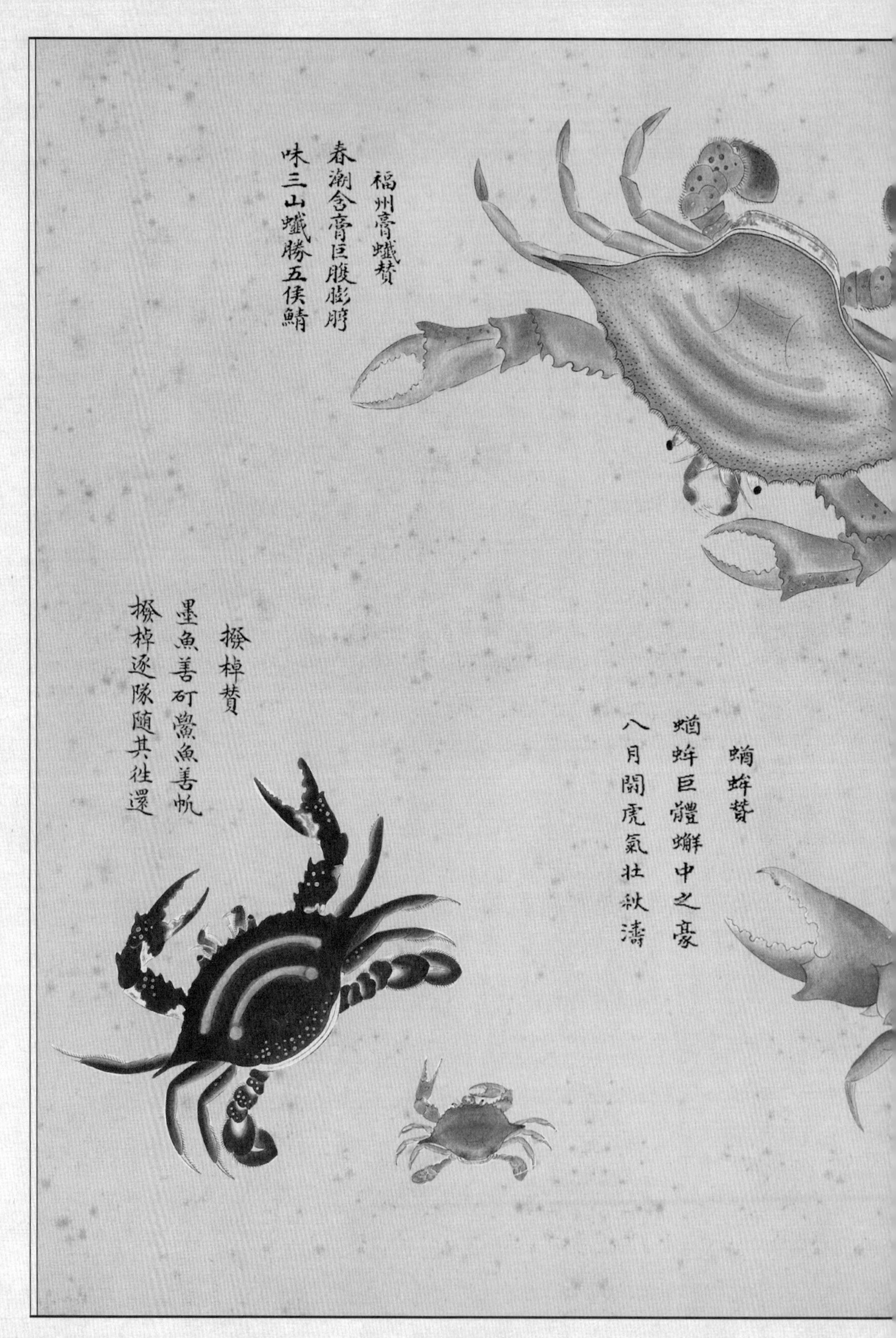
福州膏蠘贊
春潮含膏巨腹膨脝
味三山蠘勝五侯鯖
蝤蛑贊
蝤蛑巨體蟹中之豪
八月鬪虎氣壯秋濤
撥棹贊
墨魚善矴鯊魚善帆
撥棹逐隊隨其往還

【福州青蠘、拨棹、蝤蛑、石蟳】

膏腴满腹，蟹中之舟

蠘、拨棹、蝤蛑，大部分人都不知道指的是什么东西。其实这是东南沿海百姓对某些螃蟹的称呼。为了考证它，聂璜也是费了一番力气。

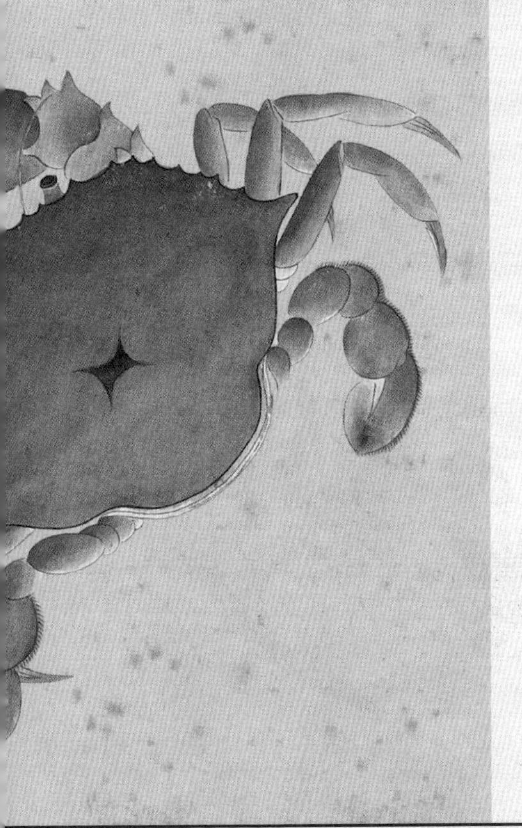

《海错图》始于蟹 一

每个人年轻时都有一个偶像，是自己长大后想要成为的人。而聂璜的偶像，应该是吕亢。

吕亢是北宋时的一位进士，后来当上了浙江台州府临海县的县令。他是一位生物爱好者，颇识花草鸟兽。在沿海当官的时候，他对螃蟹进行了一番研究，写下了《蟹谱》，记载了12种海蟹，并请人一一画了图。这是一本实用的“台州沿海常见蟹类图鉴”。

可惜，当明末清初的聂璜看到这本《蟹谱》时，它的图已经失传了，仅留文字。光有描述但就是看不见图，这种抓心挠肝的感受想必大家能够体会。聂璜因此受到刺激，要自己画一本蟹谱。他先画了《蟹谱三十种》，然后一发不可收拾，继续画其他海洋生物，这才有了《海错图》。这30种螃蟹，也被收录到《海错图》中。

其中，大部分蟹都很小，两三种挤在一页里。却有两种蟹享受特权，各自霸占一整页纸，一曰“福州膏蠘”，一曰“拨棹”。虽然二蟹颜色不同，一青一紫，但看完配文你会发现，这俩竟然是同一种蟹。

三疣梭子蟹的最末一对足扁平，是游泳足

日本江户时代的动物图鉴《梅园介谱》中，画了一只抱卵的三疣梭子蟹，并称其为『蝤蛑』。其实蝤蛑在中国，一般指青蟹，而非三疣梭子蟹

拨棹不是蝤蛑

（二）

蠘（音jié），是东南沿海人对一类海蟹的称呼，福州话发音是“切”。明代的《闽中海错疏》写道：“蠘，似蟹而大，壳两旁尖出而多黄。螯有稜锯，利，截物如剪，故曰蠘。”《海错百一录》载：“蠘螯有稜而长。”壳两侧有尖角，大螯修长并且有棱和锯齿，这些都是梭子蟹科的特点。而聂璜画的《福州膏蠘》一图，更可以进一步鉴定到种：三疣梭子蟹。这是中国最常见的梭子蟹。今天的福州人依然把三疣梭子蟹奉为蠘中正宗，有些卖三疣梭子蟹的店家会挂出牌子，上书两个大字“正蠘”，以区别其他种类的梭子蟹。蠘字难写，店家往往简写成“蛈”，是本地人才懂的暗号。

聂璜看到《本草注》里写：“阔壳而多黄者名蠘，生海中，其螯最锐，后足阔者为蝤蛑，岭南谓之拨棹子，以后脚如棹也。”这句话的意思是，蠘家族中有一个最后一对足扁平的种类，叫“蝤蛑”。蝤蛑的别名叫拨棹子，因为它可以拨动最后一对足当成棹（音zhào，船桨）来游泳。

聂璜对这个定义很不认可。他想到了自己的偶像吕亢。吕亢的《蟹谱》虽然只剩文字，但依然能看出，蝤蛑和拨棹子是分成两个词条来介绍的，拨棹子只是"状如蝤蛑"，但并不是蝤蛑。聂璜认为，如果蝤蛑等于拨棹子，那么"吕亢蟹谱又何为别蝤蛑自为蝤蛑，拨棹自为拨棹哉"？所以，"吕公蟹谱别类分门，必有确见"。偶像说啥都是对的，偶像这样分，必有道理。

聂璜在福建、浙东、广东进行了一番田野调查后，更坚定了自己的判断。

首先，他发现拨棹没有体型庞大的记载，而蝤蛑是一种特别大的蟹："此蟹较它蟹独大，壳广而无斑，螯圆而无毛，前四须如戟，后扁足若棹，背有二十四尖。"正和吕亢记载的"蝤蛑，乃蟹之巨者"吻合。

其次，沿海人所称的"拨棹"是一种"乘水则强，失水则毙"、无法上岸的纯水生蟹类，可蝤蛑却是"能水亦能陆，非全以水为性者也"。

最后，坊间盛传蝤蛑八月时能上岸和虎搏斗，而且竟然能打赢。聂璜向海乡老人求证，老人笑着说："蝤蛑大者尤强，虎欲啖，方张口，而蝤蛑之螯且夹其舌，甚坚。虎摇首，蝤蛑摧折其螯脱去。虎舌受困数日不解，竟咆哮而毙。"原来蝤蛑不是直接把老虎打死，而是它脱落的大螯一直夹在虎舌上，把虎饿死加气死。

不管传说真假，至少蝤蛑是有机会和老虎对峙的，因为它能上岸。而拨棹连岸都上不了，何谈斗虎呢？

所以，蝤蛑和拨棹必然不是一回事。

蠘就是拨棹（三）

那么蠘又算哪一类呢？虽然吕亢的蟹谱里没有蠘这个词条，但聂璜走访海乡后，自己做出了判断：蠘就是拨棹的别名。他说：“拨棹……在闽则呼为蠘而巨……《本草注》未经深考，遂使蠘失拨棹之名，而并失拨棹之实……拨棹非蠘，孰敢当之？”

从现代的角度来看，聂璜的这一大堆考证其实意义不大。在各种古籍记载里，蠘、拨棹、蝤蛑都是乱用的，同一个词，在明代指的是这个蟹，到了清代可能就指那个蟹了，或者在浙江指这个蟹，在福建指那个蟹。你没法说哪个更标准。

英国人约翰·里夫斯在清末雇用画师绘制的中国海蟹。这4种都是常见的梭子蟹科种类。虽然画师在蟹下标注的是中国俗名，但由于绘画精准科学，如今可轻松为它们匹配上科学名字：远海梭子蟹（图中标注为花娘蟹）、锯缘青蟹（图中标注为肉蟹）、三疣梭子蟹（图中标注为白蟹）、日本蟳（图中标注为石蟳）

《海错图》中的「石蟳」。按其外形，以及文字描述（螯端上黑下蓝，不穴于沙土，而穴于海岩石隙间），可知其为日本蟳（*Charybdis japonica*）

幸好，我们今天有了动物分类学，每种动物有了唯一的拉丁文学名，标准定下来了。终于可以抛弃那些俗名之争，用科学的眼光看这几幅画。

首先，这三幅画中的蟹都属于梭子蟹科（Portunidae）。因为它们都是壳两侧尖尖，最末一对足呈桨状，是典型的梭子蟹模样。正因外形相似，才导致名字乱用。

那张“蟳蜞”图，明显是青蟹属（*Scylla*）的成员，也就是市场上常被大粗绳绑住蟹螯的那类铁青色粗壮大蟹。聂璜所言不虚，青蟹确实是梭子蟹中的巨人，也经常上岸行走，穿梭在退潮的红树林中。1960年，澳大利亚学者史蒂芬森和坎贝尔发表论文，认为世界上只有一种青蟹：锯缘青蟹。这个观点影响深远，至今很多人见到青蟹还必称之为锯缘青蟹。可1998年，另一批澳大利亚学者通过分子生物学发现，青蟹属应该分成4种，它们在中国都有分布。

1. 锯缘青蟹（*Scylla serrata*）。是4种蟹里最大的，重达3公斤，看上去与虎搏斗完全没问题。活着时，大螯外侧布满了蓝色网状纹，好似青筋暴起。但是人工养殖的锯缘青蟹很少，因为它太能吃了，养不起，所以市面上较少出现。

2. 拟穴青蟹（*Scylla paramamosain*）。是4种里最小的，但适应性强，被广泛养殖，市场上99%的青蟹都是它。它酷爱挖洞，东南亚渔民叫它“mamosain”，即“会挖洞的青蟹”。它的拉丁文种加词“paramamosain”也使用了这个含义。前缀“para-”是类似的意思，所以中文名翻译成“拟穴青蟹”。

3. 紫螯青蟹（*Scylla tranquebarica*）。大螯是紫色的。

中国市场上，青蟹常以五花大绑的形态出现。绳子往往异常的粗，绑一只蟹的尼龙绳，解开后能铺满一张乒乓球桌子。商贩还常用吸水皮筋、吸水棉布来绑。其实青蟹的钳子只需一根细细的扎带（俗称勒死狗）就能束缚住，那些粗绳都是压秤用的

4. 榄绿青蟹（*Scylla olivacea*）。身体呈橄榄绿色，大螯呈橙红色。

然而，在2008年出版的《中国海洋生物名录》里，拟穴青蟹改叫“拟曼赛因青蟹”，紫螯青蟹改叫“特兰克巴尔青蟹”，榄绿青蟹改叫“橄榄青蟹”。虽然这个名录很权威，应该遵循它的叫法，可改后的名字太别扭了，几乎没人愿意用。所以，即使是所谓“中文正式名”，也仅供参考，还是拉丁文学名最值得信赖。

说完蟳蜂，再看看另两幅图。

拨棹那张图的配文洋洋洒洒一大堆，可仔细看下来，正经知识没几句。中心思想就是：上天造物时，不但会赋予它们不同的习性，还会赋予它们符合这种习性的形态。如果徒有习性，却无相应的形态来配合，就无法施展出来。然后举了一大堆例子："虎豹至威，无爪牙则困。骏马善行而无坚蹄则困。牛羊无犄角则不能自强而困，象徒臃肿其躯，无鼻以为一身之用则困。鸟无啄，则鸟羽虽丰能飞而不利于食则困。鱼无鳞尾则不能自主而困……"最后才点出拨棹，说上天赋予它宽阔的后足和灵活的腿部关节，让它可以尽情施展嗜水的天性："天特异以阔足圆机，俾（音bǐ，使）嗜水之性与形相侔（音móu，等、齐），一如鹅鸭雁鹭之方足……顾名思义，惟此蟹能专拨棹之称。"

想说拨棹就直接说不好吗，拐这么大弯？我知道聂璜是站在文人的角度，想写个《拨棹赋》之类的文章，抒发胸臆，揭示天地之道，但如果以生物学笔记的标准来看，前面一半的文字实在多余。我一边看，一边犯了科普编辑的职业病，真想把前半段的字全给删了。

一种梭子蟹正在游泳。只用最后一对桨状足划水，其他足静止不动

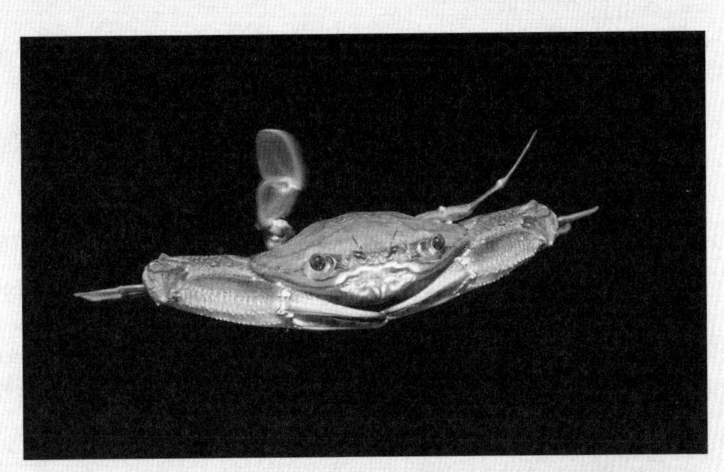

而且仅存不多的生物学记载，也有失严谨。聂璜说拨棹游泳时“不但后足如拨棹，而前二足亦若双橹”。难道后足划水的同时，前面的足也得跟着忙乎？一看就是没见过梭子蟹游泳。我可见过。在浅海蹚水时，有时会惊起小的三疣梭子蟹，它们平时全身埋在沙子里，只露出眼睛和触须，45°角仰望天空。一旦被我的大脚踢出来，就开始游泳了。并不存在“前二足若双橹”的情况，而是只有两只桨状后足飞快摆动，其他所有的足，包括大螯，全都静止不动。

这双“桨”不但有力，还相当灵活。曾有人拍到视频，一只章鱼想捕食梭子蟹，这只蟹全靠桨足变换摆动方向，在水中闪转腾挪，以灵活著称的章鱼愣是抓不到它。

下次吃梭子蟹时观察一下，和桨状后足相连的两块肌肉格外发达肥美，几乎占了蟹身半壁江山。游泳全靠它们了。买蟹时，此处也可作为凭据：捏捏桨足基部那几个腿节，若软扑扑，说明没肉；若硬邦邦，赶紧买下，大块白玉般的肉在等着你。有一次我在北京的超市里如此挑蟹，被一位老大爷看到了，他站在我背后用洪亮的山东口音大喊一声：“会挑！！”差点把我吓疯了。

不过，梭子蟹再会游泳，也只是在螃蟹里算好，出了螃蟹界，它连对虾都不如。渔民有谚：“对虾逆风上，螃蟹顺风溜。”遇到大风浪，梭子蟹只能顺着水流游，难以逆水而上。尤其是怀了满肚子卵的雌蟹，更是游不动。中国科学院动物研究所的三位专家曾于1974—1975年在河北沿海调查，“拜贫下中渔为师”，写下了《三疣梭子蟹渔业生物学的初步调查》。里面记载，1975年5月中旬，大批三疣梭子蟹正从东南方的远海向西北部的近岸洄游，突然刮了两天的西北风，浪随风走，把蟹都推回去了，导致当年近海的渔民啥都没捞到。

紫色和青色

七

聂璜把“拨棹”和“青蠘”分为两图，主要是为了另起一页好好夸拨棹，其实他认为这两个名字指同一种蟹。看拨棹这幅画，体形、纹路也明显是三疣梭子蟹，和青蠘确为同种。虽然青蠘画成了青色，拨棹画成了紫色，但聂璜把它们当成同种之间的色型差异。他特地在紫色的拨棹旁画了个青色的、和青蠘一模一样的小蟹，表示拨棹有不同的颜色，并在配文中说：“（拨棹）色有青者，有紫者，皆有大弯文及斑点。”

这个细节特别宝贵，它揭示了三疣梭子蟹的一个特点：有两种主流体色。

去任何一个菜市场，找到任何一个养着三疣梭子蟹的水槽，你总能从常见的青色蟹中看到几只紫色的。我曾经偏爱买紫色蟹，无端觉得比青色蟹更成熟、黄更多，吃过几次之后发现并无区别，只是单纯体色不同而已。

中国学者高焕、迟大利、高宝全等人研究过这个现象。他们在分子水平上比较了紫色和青色的三疣梭子蟹，发现这两种色型属于同一个种。但是接下来的研究成果就意见不一了，有人认为体色和遗传无关，有人却认为“明显是由一定的遗传机制决定的”，还有人认为和环境有关。至今还没有定论。

《海错图》中的拨棹，主体是一只紫色的三疣梭子蟹

海鲜市场里以青色的三疣梭子蟹为主，但也经常出现紫色个体

蠘至此，伟极矣

八

聂璜把膏蠘拎出来单画，还有个原因：着重说说它的膏。

聂璜是浙江人，浙江舟山渔场是三疣梭子蟹的名产地，他肯定吃过不少。但来到福建后，他发现这里的梭子蟹比自己家的还要好："膏蠘者，闽中有膏之蠘也。其膏甚满，较吾浙、宁、台、温之蠘为巨。"他觉得福建的蟹是从温暖的南海游来的，所以才这么大："大约皆发于南海，而后及东海。蠘至此，伟极矣！"

其实浙江和福建的三疣梭子蟹，都算一个地理种群：东海种群。它们春天也不是从南海游来的，而是从附近的越冬场而来。越冬场有两处，一处在浙江中、南部渔场水深40～60米的海区；另一处在闽北、闽中沿岸水深25～50米的海区。春天，性成熟个体从越冬场向近岸洄游。此时捕捞，便可得到聂璜所说的"春潮含膏，巨腹膨脝"的膏蠘了。

宁波人过年时，少不了的一样年货就是红膏呛蟹

虽然三疣梭子蟹春天膏黄最满，按聂璜的话说“三四月将孕卵之候”为最好，但沿海人往往称其为“冬蟹”“冬蠘”，因为它在冬天就已经很肥了。有些雌蟹的卵巢更是充满整个体内，连壳两侧的尖刺里都填满了。此时买蟹，要拿起蟹对着光看，如果尖刺处不透光，还微微透出红色，那就是满黄。

冬天上市，就意味着它是年夜饭的好材料。在宁波，过年少不了的一道菜是“红膏呛蟹”。有人写成“炝蟹”，不对。这种料理用不着火，蟹全程都是生的。做法也简单，把活蟹用高浓度的盐水“呛”死，腌一段时间即可。腌好后一揭蟹盖，太漂亮了：由于全是生的，所以蟹黄和蟹肉呈晶亮半透明的冻状，配一碗白饭或白粥，给啥都不换。

潮汕也有生腌梭子蟹，做法差不多。生腌的缺点在于，为了杀菌、去腥，往往要多放盐，甚至放酒，搞得味道太重，必须就着很多粥饭才能吃下。潮汕美食家张新民研发出新招：生腌+冷冻。冷冻也能杀菌，所以盐酒可以少放，味道不会太重。而且冻过的蟹肉蟹黄，带着沙沙的冰粒，还略有甜味，此菜有个好名字：海鲜冰激凌！

品尝此等美物，切记，千万不要弄熟。熟了，一切口感就都没了。听说过一真事：一宁波老大爷久居北京，一日女儿坐飞机送来8只红膏呛蟹，谁知让老大爷的外地老伴蒸熟了。大爷70多岁的人，哭了。

海鉄樹生海底石尖上小者長
五六寸高大者長尺餘有枝無
葉其質甚堅初在水有紅皮出
水経久則變黑其榦如鐵線漁
人往注網中得之雅客植之花
盆黴同活樹扶藴案頭清賞亦
美觀也以其堅硬亦名海梳

海鉄樹贊

海中有樹非旌陽鉄
即便開花妖龍不孽

海燕五花如鯋魚皮吸石上能飛產東
海可治癬

【海燕、海铁树、狮球蟹、海茴香】

树生海下，燕伏沙滩

这幅图中，一棵姿态优雅的『海铁树』下，有两只可爱的『海燕』。但是，海铁树不是树，海燕也不是燕。

没有赞的生物 一

在一片海底岩石上，挺立着一棵婆娑的“柳树”，枝干皆红，名曰“海铁树”。树下有两只五角星状物体，一趴一躺，名曰“海燕”。这是《海错图》描绘的一幅美丽画面。它们都是什么？我们先看海燕。

聂璜会给《海错图》里的每种生物写一首“赞”，就是一句4个字，总共4句的文体，用来描述、赞美、揶揄该物种。不管物种神奇或平常，聂璜都会一视同仁，为其作赞，哪怕是一种手指盖大的红色小螺，也会得到“人面桃花，相映乃红。螺中有女，其色必同”的评语。

对于海燕，聂璜是亲自观察过的，因为他不但画了海燕的背面观，还把它翻过来，画了腹面观，并分别注明“海燕背”“海燕腹”。那么，这种被他细致观察过的生物，会得到怎样有趣的小赞呢？

没有得到赞。就连对它的正文描述，也只有两句：“海燕，五花如鲨鱼皮，吸石上，能飞。产东海，可治癣。”

为什么海燕让聂璜完全提不起兴趣？

日本江户时代《栗氏虫谱》中的海燕

我们先来看看海燕是什么。首先它是属于海星这个大类的，是海星纲海燕科动物的统称。虽然所有人都会认为海燕指的是一种鸟，但它确实也是这类海星的正式名字。海燕和其他海星一眼可见的区别，就是海燕的“五角星”特别的胖。但海燕的胖又不是鼓囊囊的胖，它的角和角之间是皮膜状物质，很扁。所以它不是真正的胖子，只是穿了套嘻哈装。

聂璜常年住在福建，那里的海燕本来就没几种。根据画中的海燕与岩石颜色相近这个特征，基本可以把目标聚焦到两种海燕上。一个是拟浅盘步海燕。2016年，我在台湾垦丁的礁石上见过，特别小，只比手指肚大一点，身体能和石头完全贴合，表皮的骨片上有颗粒状小棘，确实质感如鲨鱼皮，而且颜色与石头一般无二，哪怕对着它拍照，都很难从照片上找出它来。第二个是花冠海燕。它的体色虽然也是保护色，但更“花”一些。

和东南沿海这些低调的海燕相比，黄渤海有一种海燕就堪称明星了。它的正式名称就叫“海燕”，比成年人的一只手还大，背面是动人心魄的湛蓝色，中央夹杂着鲜红的斑点。这样鲜艳的海星，似乎应该出现在热带缤纷的珊瑚礁里。然而它并不生长在南方（以致聂璜都没画它），却大量

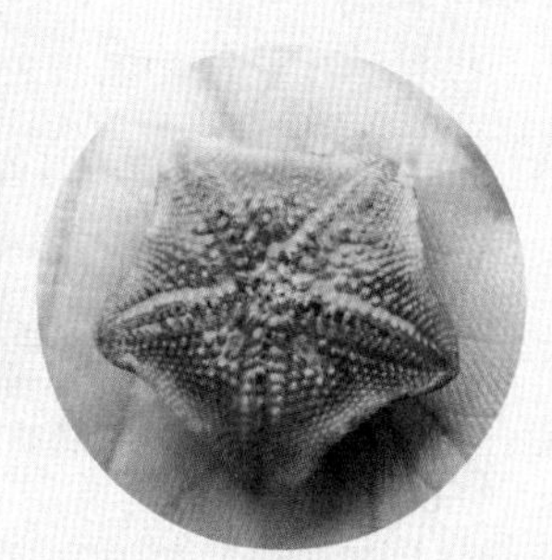

拟浅盘步海燕的腹面

台湾垦丁的拟浅盘步海燕，趴在石头上时，几乎无法辨认出来

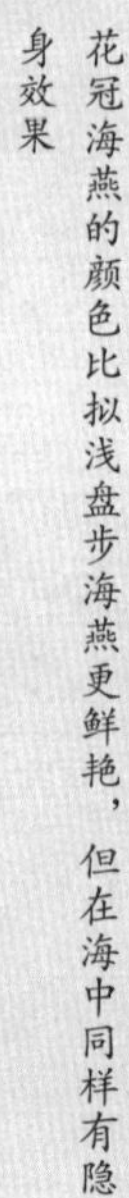

花冠海燕的颜色比拟浅盘步海燕更鲜艳，但在海中同样有隐身效果

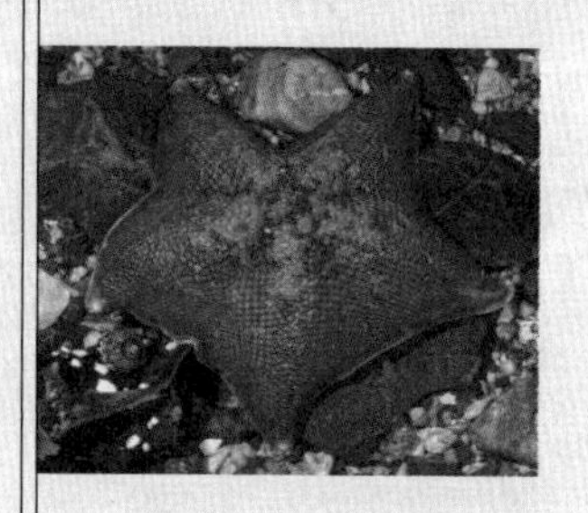

黄渤海沿岸最常见的海燕，正式中文名就叫『海燕』。它的身体蓝红相间

出现在中国北方的寒冷海水里，是黄海和渤海海滨极常见的生物。据记载，有时1平方米范围内可达7个，以它的大小来说，连人下脚的地儿都没有了。

苦寒的北地，有如此美丽的生灵，实在是上天的馈赠。然而北方人和聂璜一样，对这种海燕依然没有感情，既不吃它，也不玩它。如今，各视频平台上活跃着一帮拍摄赶海视频的播主，海滨的各种动物都要惨遭他们玩弄：往蛏子洞里撒盐；跟章鱼拔河；捅海葵让它喷水……可是就连他们，都不玩海燕。顶多把海燕放在视频封面里，用它鲜艳的颜色吸引人点开视频，然后就把海燕扔在一边，玩别的海鲜去了。

海燕为什么被人忽视到这种程度，我也闹不明白。有些小明星，长得很漂亮，但就是火不了，他们可以和海燕抱在一起哭。

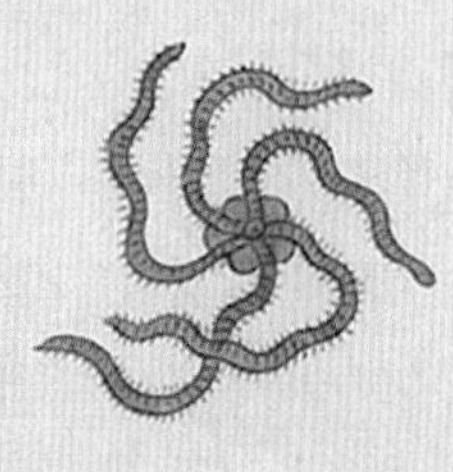

台北『故宫博物院』藏《海错图》第四册中的『狮球蟹』，描述为『身小如豆而薄，无腹脏无螯目，五足如带，能行于水体，淡灰色而足微有毛』。此物诸书不载，是聂璜在福建海鲜贩子的筐里捡的。『海人以其如狮球（舞狮子用的绣球），故以狮球名之。』此物是海星的亲戚——蛇尾纲的生物，俗称海蛇尾或阳燧足

我在台湾垦丁的潮池里发现的海蛇尾。它们通常躲在石缝里，伸出两三条腕收集微小食物。想把它完整拽出来是很费劲的，它的每条腕都由一节节骨片组成，可以任意弯曲，抓牢石头，若蛮力拉扯，腕就会断，日后会再生一段新的

海茴香贊
醋螺性酸
辣螺似薑

《海错图》中的『海茴香』，描述为『其壳五花，内有肉，生石上，不能移动』。看形状是海星。海星都能移动，可能是这种海星不爱移动，使人误以为其不能移动。具体是哪种海星，目前还没有头绪

错误的判断

三

我们让海燕独自忧伤吧，现在说说海铁树。

“海铁树，生海底石尖上，有枝无叶，其质甚坚。”我刚开始以为聂璜说的是一类棘皮动物——海羽星。它属于古老的海百合纲，身子下面有几个小须子担任“根”的功能，抓在海底珊瑚、岩石上，然后张开羽毛状的腕，抓取水中的食物。在一个地儿待烦了，还能把“根”松开，用“大羽毛”划水游走。聂璜画的海铁树，有一些根状物抓住岩石，正和海羽星类似。而且海羽星的腕呈羽状分支，又和陆地上的铁树（苏铁）叶酷似。“海铁树”是红的，有些海羽星种类也是红的。我在厦门黄厝就见过一个微型的海羽星，浑身红色，非常可爱。

我在厦门黄厝看到了这只迷你的红色海羽星，它正挥动着羽毛状的腕，在沙滩水洼里游动

但后来我开始怀疑了。首先，聂璜所绘的海铁树，枝条并不是羽毛状的。其次，聂璜说渔人在捕鱼时，偶然会网到海铁树，发现它“有枝无叶，其质甚坚。初在水有红皮，出水经久则变黑。其干如铁线”，还有文人雅客把它“植之花盆，俨同活树扶苏（小树）。案头清赏，亦美观也”。海羽星出水后就会蜷缩成一团死去，不会变得质感坚硬如铁线，也不能案头清赏。所以海铁树的真身不是海羽星，而是一类珊瑚——柳珊瑚，又名海柳。

一只黄色的海羽星，用根状的『卷枝』抓住珊瑚，把长长的『腕』分散展开，颇似陆地上的蕨类植物。蕨类又名羊齿，所以海羽星也叫海羊齿

豆丁海马有好几种，其中巴氏豆丁海马和丹尼斯豆丁海马喜欢栖息在柳珊瑚上。图中是巴氏豆丁海马

印度尼西亚海底的柳珊瑚，勾勒出珊瑚礁的天际线

被『降维打击』的红色小树

④

柳珊瑚是一个目的名字，下面有很多物种，被古人当作宝贝的红珊瑚，就是柳珊瑚目的。不同种类的柳珊瑚，样子也不同。但最常见的几种，往往长成这个样子：基部固定在海底，有个短短的主干，分出无数网状分支。这些分支虽然多，但都在同一个平面上，就像一棵小树被“降维打击”，拍成平面了。这些柳珊瑚在活着的时候，往往是红色的（也有紫色、黄色等颜色），年龄大的个体，能长成一张餐厅的圆桌子那么大，是珊瑚礁的视觉焦点。很多潜水员都喜欢把柳珊瑚作为照片里的主角。一个村子里往往有一棵老树，被村民奉为神灵，而在珊瑚礁里，柳珊瑚就给人以神树的感觉。

柳珊瑚复杂的分支，也成了很多小动物的家。有一种红色的小鱼，就爱趴在柳珊瑚的枝条上，而且和枝条方向一样，这样就能成功隐身。还有一种更著名的生物——豆丁海马，它极为迷你，而且身上长了很多突起，颜色、形状正和柳珊瑚的水螅体一样，是拟态的经典案例，也是潜水爱好者眼中的明星物种。

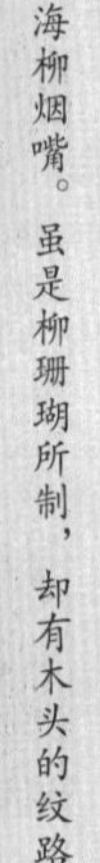

海柳烟嘴。虽是柳珊瑚所制，却有木头的纹路

五 如铁似木

渔民的网具或鱼钩，常会无意间把“海铁树”带出海面。然而，正如聂璜所言，鲜红的柳珊瑚一旦被打捞出水，颜色就会渐渐褪去，“经久则变黑，其干如铁线”。好在它全身都有石灰质的骨骼，所以不会像海羽星那样蜷缩变形，而基本可以保持生前树形。把它当成案头清供，也算是海边文人的特色了。

渔民则没有这种雅兴，只会把柳珊瑚基部的粗干加工一下，做成烟嘴。在古代，柳珊瑚难得，所以海柳烟嘴是渔民为数不多的宝贝之一，还产生了一些真假难辨的传说。比如“海柳烟嘴会让烟变得清凉”“天气不好时，烟嘴表面会黯淡无光”，甚至还有一种说法是“如果上厕所时用海柳烟嘴抽烟，烟嘴就会裂开”。

到了现在，“海铁树”又多了个用法——文玩。人们发现，把它的基部粗枝抛光后，竟然会在黑中透出一些蜿蜒的木纹，虽是珊瑚虫骨骼，但真有木头效果。在它的亲戚——红珊瑚已经成为国家保护野生动物、买卖皆违法的今天，“海铁树”成了文玩新宠，被制成珠子、雕出龙头，还被卖家宣传为：“海柳把件，越盘越好看！大汗手也可以盘！”

在海边特产店里，处处可见海柳文玩。我去汕头时，还被一位小店老板送了一整棵小海柳。它枝干皆具，但过于细弱，无法加工。看着它，我生不出任何文人雅兴。如今的海铁树，已不是大自然偶尔给人类的赏赐。拖网捕捞作业，把中国的近海海底几乎犁平。精美的柳珊瑚被连根兜断，让其他渔获挤得支离破碎，想成为摆件都不得，只剩粗枝可雕刻。

看着那些比两指并拢还粗的海柳把件，我不禁在脑海里复原起它们的原貌：断掉的枝条在空气中虚拟地延伸，复杂的网状脉络重新生长出来，到最后，我要仰视才能看到末梢。它们活着时，曾经是多么壮观的海底“神树”！

在中国的海里，还有多少“神树”？

美国塞班岛一酒店大堂里，用处理成白色的柳珊瑚骨骼做装饰

海云海蝦有蝦蛄者狀如蜈蚣今
觀其狀信然

琴蝦贊

海蝦名琴三弄水濱
遊魚出聽人不知音

閩海有一種大蚶蝦身紅而蚶粗短鬚亦
不長特異諸蝦不知何物化生也

大蚶蝦贊

蝦小蚶大狀如擁劔
莫邪干將雙舞海面

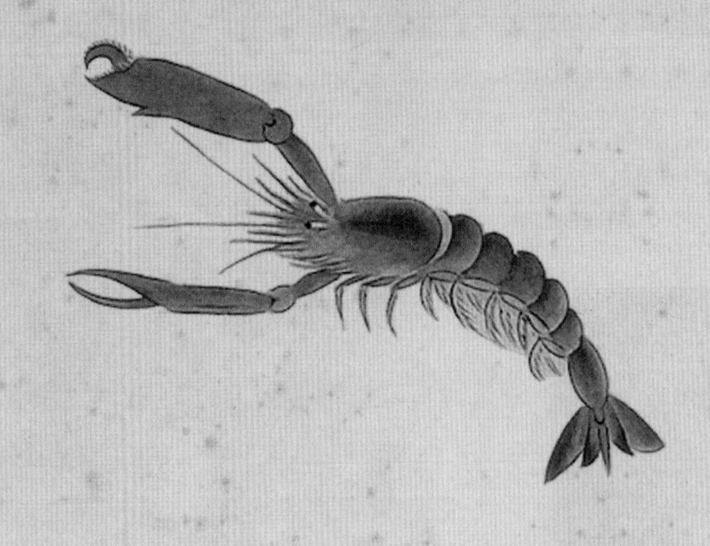

【琴虾、大蚶虾、虾虱】

击鼓鸣琴，何处知音

谁能想到，常被海边人用来下酒的两种小虾，却和乐器与凶器有关。

琴蝦一名蝦蛄首尾方匾殼背多刺能棘人手大者長七八寸活時弓其身善彈人首有二鬚前足如螳臂閩人於冬月多以椒醋生啖至三

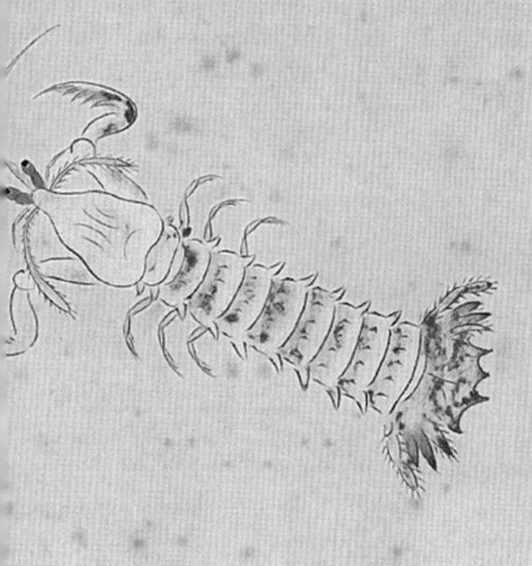

错别字虾 ①

“闽海有一种大蚶虾，身红而蚶粗短，须亦不长，特异于诸虾，不知何物化生也。”聂璜为一种虾写下了这段文字，并为它写了个《大蚶虾赞》：

> 虾小蚶大，
> 状如拥剑。
> 莫邪干将，
> 双舞海面。

蚶是一类双壳贝类的名字，如毛蚶、泥蚶。此虾为何以蚶为名？看看图，它的一只钳子尖细，另一只粗壮，原来聂璜想写的是“大钳虾”，但是写成蚶了。我查了各种古今字典，蚶从来没有钳子的意思，钳的异体字里也没有蚶。看来聂璜确实是写错字了。我在下文里帮他改过来。

日本江户时代《梅园介谱》里的鼓虾，注名为『大脚虾』。今天日本人叫它『铁砲虾』

有些种类的鼓虾与虾虎、塘鳢等鱼类形成了合作关系，鼓虾帮鱼挖洞，用钳子托着沙子一趟趟地运出洞外。虾虎、塘鳢有守地盘的天性，能帮虾驱赶小天敌。遇到大天敌，鱼就会带虾藏进洞里，这对视力不佳的鼓虾来说很重要

自带手枪 ㊁

聂璜说大钳虾“状如拥剑”。拥剑就是招潮蟹的古名，雄性招潮蟹的大螯一大一小，这比喻很是贴切。那么，为什么大钳虾会长这样不对称的双螯呢？

那只细螯是用来夹取食物的，没什么特别。重点在粗的那只：它的两个钳指很短，一个上面有个凸起，另一个上面有个凹陷。在面对猎物时，虾会在0.6毫秒（注意不是0.6秒）内合上钳子，凸起会把凹陷里的水挤出来，向前射出。这股水的速度太快了，瞬间就达到100公里/小时，以至出现了“气穴现象”，水直接变成了一个气泡，然后爆炸，闪出光来。这在物理学上叫“声致发光”（sonoluminescence）。科学家本来只在物理实验室见过这种现象，近年才发现，此

辽宁丹东的生腌嘎巴虾。种类是北方常见的鲜明鼓虾（*Alpheus digitalis*）

虾随便合个钳子竟然就能声致发光，于是给它单起了个名字“shrimpoluminescence”，可翻译成“虾致发光”。

由这个气泡爆裂产生的冲击波，可以把小鱼、小虾震晕，供虾食用。这简直就像冲着猎物开了一枪！所以，“大钳虾”在今天有个名字——枪虾。在中国大陆，它的正式中文名叫鼓虾，因为它合上钳子发出的声音很像鼓声。

2014年7月，我在广西北海的滩涂参与鲎的调查。正值退潮，我站在脚面深的海水里，听见四周时不时地发出“嘣”的声响。循声找去，水底有一个个沙穴，每个洞口都趴着一只鼓虾。那些声音就是它们在水下关钳子发出的。没有猎物时，它们也会这样做，是互相交流的方式。

两年后，在辽宁丹东的一个饭馆里，我又看到了鼓虾。它们堆在大碗里，和葱丝、青椒丝、调味汁搅拌在一起，生腌起来，是当地的下酒小菜。北方人叫它“嘎巴虾”，因为在被捕捞出水时，它们还在徒劳地“开枪”，“嘎巴嘎巴”响。

广西北海滩涂上的鼓虾。站在滩涂上，时常能听到它们发出的『嘣』声

皮皮虾不是虾 ㈢

说完虾中之鼓，再说虾中之琴。《海错图》里有一幅“琴虾”，就是所谓的“皮皮虾”“虾爬子”“濑尿虾”。今天，它的正式名字叫虾蛄。琴虾这个名字很好理解，虾蛄的身体与琵琶之类的乐器相似。“皮皮虾”就是它的另一个名字“琵琶虾”讹变而来的。

不过，还有另一种解释。清《海错百一录》说：“以其足善弹，而名琴虾。”聂璜也说它“活时亏其身，善弹人”。抓过活虾蛄的人应该都有体会。至于“濑尿虾”，我一直不解。濑尿就是撒尿。据说虾蛄被抓时会射出一股水，可我在菜市场从未见过虾蛄撒尿。后来问了《厦门晚报》前总编辑朱家麟先生，他回忆自己儿时在海涂抓虾蛄的情景：刚拽出水时，它确实会从身体末端射出一股液体。他又帮我问了几位讨海人，他们也是这么说。看来野虾蛄一向岁月静好，首次被捉惊吓无比，才会撒尿，等运到菜市场时，一路折腾，受惊阈值提高，就无甚尿意了。

北方最常见的虾蛄：口虾蛄

聂璜说虾蛄“前足如螳臂”，这是它的另一大特点。仔细看你会发现，虾蛄的“螳臂”与螳螂正好相反：螳螂的镰刀向下打开，虾蛄却向上打开。所以捕食时，虾蛄不像螳螂那样向下扑，而是向上搂。其他虾为什么没有这么奇怪的足？因为严格说来，虾蛄其实并不是虾。虾是十足目的，虾蛄是口足目的。下次吃虾蛄时你仔细看看，它的头部比较独立，不像虾那样与胸部愈合在一起，而且其“螳臂”是由口边的颚足演化而来，不像虾钳是由胸足演化的。

虾蛄捕捉足的展开方式与螳螂相反

两种捕捉足 四

北方市场的虾蛄基本只有一种：口虾蛄（*Oratosquilla oratoria*）。它身体呈青色，尾端的尖棘是彩色的。越往南，虾蛄种类越多。我在厦门市场见过一种"日本齿指虾蛄"，它躯干粉红色，头尾泛出绿色和紫色，非常可人。而且，它的捕捉足并非布满锯齿，而是有一个球状加厚部。这说明它走的是另一条路线。

虾蛄的捕捉足有两种类型：穿刺型和锤击型。穿刺型有尖锐的锯齿，以抓牢鱼虾。锤击型则是用加厚的球状部飞快击打猎物，造成"钝器伤"，足可把贝壳、蟹壳击碎。我在台湾垦丁海边的礁石区曾见过一种锤击型虾蛄。它见了我，赶紧钻进石缝。我想把它拽出来，突然感觉手指被两只小拳头重击了一下，力量直钻进指骨。还好打的是指肚，要是打到指甲，恐怕会裂一道缝。

厦门市场的日本齿指虾蛄

转过年来，我们杂志社的几位同事也去了垦丁。在同一个海滩，美术编辑的手指也被虾蛄"揍"了，还见了红。若是同一只虾蛄所为，那它一年功力精进不少。

虾蛄捕捉足的两种类型：穿刺型（左）和锤击型（右）

虾蛄能长多大？

五

对虾蛄的记述当然少不了吃法。聂璜写道：“闽人于冬月多以椒醋生啖，至三月则全身赤膏，名‘赤梁虾蛄’。煮食肥美尤佳。”生啖的吃法，我在丹东试过。活的虾蛄，直接放在酒、葱姜、盐、辣椒、醋调成的汁里，腌几个小时就可以了。虾肉嫩滑，浸满味汁，绝无煮熟后面糊糊的口感，且虾肉与壳脱离，极易被完整剥出，解决了吃皮皮虾最大的难题。我以为这是虾蛄最好的吃法。

福建、潮汕也有生腌虾蛄，而且必选带膏的来腌。一条膏粗又红，从脖子贯穿到尾巴尖，最好。有机会我得去尝尝，没机会就创造机会。

猛虾蛄个体庞大，多见于东南亚

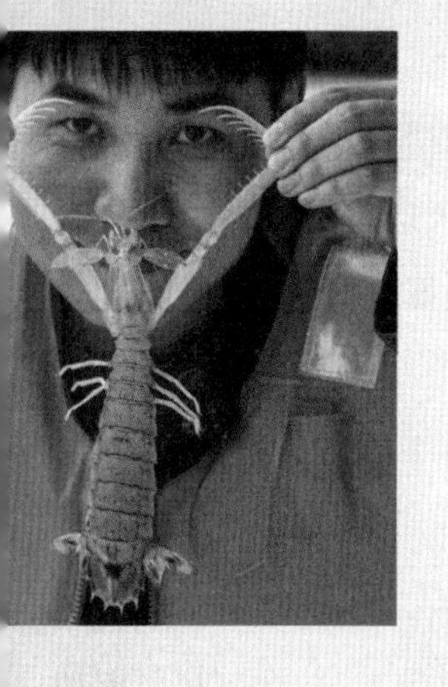

在婆罗洲，我还吃过一种巨型虾蛄。它属于猛虾蛄科，接近成人小臂那么长！那顿可把我吃美了。还有一种比猛虾蛄更大的“斑琴虾蛄”，比小臂还长，能有40厘米，是世界上最大的虾蛄。它名字里的“琴”不是身体像琵琶或足爪善弹的意思，而是指它身体黑白相间，像钢琴键一样。餐厅玻璃缸里的斑琴虾蛄，都单只待在一个个矿泉水瓶里，因为它们实在好斗，只能隔离开。在瓶子里，它们仿佛回到了泥沙中的管状洞穴，心情便平静下来。

生腌虾蛄

斑琴虾蛄被放在矿泉水瓶中待售

六 『避免食用』

几年前，我去香港的海洋公园玩。园方发给我一个小折页，是世界自然基金会（WWF）做的《海鲜选择指引》。里面把海鲜归为三类：建议食用、想清楚再食用、避免食用。虾蛄被赫然列在“避免食用”一类中。我当时有一种世界观崩塌的感觉，怎么连皮皮虾都不能吃了？

上网查了下WWF的官方解释。原来，虾蛄平时会在海底挖一个U形洞穴藏在里面，只露出眼睛和触角。一般的渔网捞不到它，只能用底拖网。船拉着这种网在海底拖行，有时网前端还有耙子，把海底犁一遍，就可以把沙里的各种动物惊扰出来。不管是不是渔民想要的目标物种，都被一网打尽。底拖网是一种不可持续的捕捞方式，在中国拖出了大片海底荒漠。市面上绝大多数虾蛄都是被这样捕捞的，所以WWF希望大家不吃虾蛄，而去吃对环境危害较小的渔业产品。这个《海鲜选择指引》有个手机应用程序，叫“Seafood Guide”，你可以下载看看哪些海鲜是推荐食用的（你会发现没几种，而且有一半都吃不起）。

虽然中国的海洋生态已经恶化到普通人难以想象的程度，但我觉得，让全体国人拒绝皮皮虾，既不现实，也未必有用。不管你吃不吃，只要拖网在工作，它们就一定会被捞上来。关键还要治本，比如智利、阿曼和中国香港都禁止了拖网捕捞。然而，这对渔业来说是一个重大打击。如何平衡自然与人的关系，还需要管理者的智慧和魄力。

一个好消息是，虾蛄的人工繁殖已经有人在做了，希望能早日实现商业化。

七 『虾虱』的真相

《海错图》里还有一幅一不留神就会被忽略的画，是两只似虾非虾的微小生物。其文字介绍是："海中有一种虾虱，略如虾状而轻薄，头壳前尖后阔而空张，身尾如虾，无肉，两目长竖，两足若臂，有尖刺，常抱虾腹吮其涎，而虾为之困。"似乎是一种虾身上的寄生虫。

首先看此物体态，必是节肢动物门软甲纲的动物，虾、蟹、虾蛄都在这个纲里。就我所知，软甲纲下只有一些等足目的成员会寄生虾，然而等足目圆圆胖胖的，绝非此等瘦小枯干之貌。这时，我脑子里突然冒出了"虾蛄幼体"四个字。我平时看东西杂，看完了大多数就忘了，但潜意识里还留有痕迹，关键时刻会蹦出来。这次蹦得很成功，查了一下，果然是虾蛄幼体！

蝦虱贊

水中有虱常為蝦患

腹底藏身射工難貫

《海错图》里的「虾虱」图

虾蛄刚孵化时，称为"假蚤状幼体"，全身透明，胸甲是一梯形薄片，正是"前尖后阔而空张"。此时，捕捉足已经长出来了，即"两足若臂，有尖刺"。大部分时间里它都在海水中浮游，蜕11次皮才能变为虾蛄的样子。可是，假蚤状幼体是吃藻类和浮游生物的，并不会"抱虾腹吮其涎"。我猜是渔民捕捞时，虾蛄幼体和其他虾困在了一起，慌乱中抱住了虾腹，使人误会；或是有虾受伤濒死，体液渗出，引来虾蛄幼体取食。

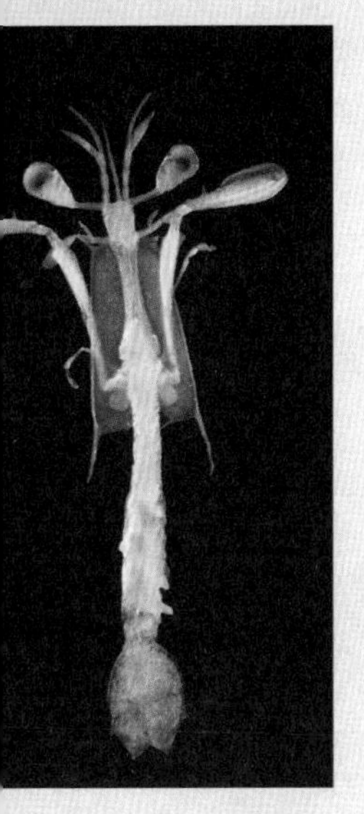

虾蛄的假蚤状幼体

虾蛄的假蚤状幼体，这么冷门的东西，至今像样的照片都没几张，竟然让康熙年间的聂璜画出来了，还这么逼真。世上的事，难说得很。

絲蚶贊

氓之蚩蚩抱布貿絲
絲勝於布即蚶而知

布蚶贊 一名瓦屋子

嗟彼海錯風雨露宿
獨爾有家安居瓦屋

【丝蚶、布蚶、朱蚶、江绿、巨蚶、蠕蚬、飞蟹、石笼箱】

身居瓦屋，白日飞升

蚶是南方沿海最常见的食用贝类，但你听说过它能长翅膀飞起来吗？

朱蚶賛

物以小貴莫如朱蚶
剖而視之顏如渥丹

上海甲肝风暴 一

1988年，全国人民突然嫌弃起上海人来。大家不愿接待来自上海的出差人员，不愿和上海人握手，不愿吃上海生产的食品……因为上海暴发了一场人类历史上罕见的甲肝疫情，有31万人染病。学校的教室和百货公司的大厅，都被征用来放病床。甲肝病毒主要通过“粪一口”传播，也就是说，把被甲肝病人粪便污染的食物吃进嘴里，才容易被感染。这种事情，怎么会发生在上海人身上呢?

吃蚶。

蚶是上海人极爱吃的一种滩涂贝类。它的壳有一条条肋，肋间长有细毛，所以俗称“毛蚶”。毛间往往存留泥浆，显得脏兮兮的。蚶肉如果熟透了，就无味难嚼。因此，百姓喜欢一壶热水浇下去，壳口微张，刚刚断生，吃来最好。疫情暴发

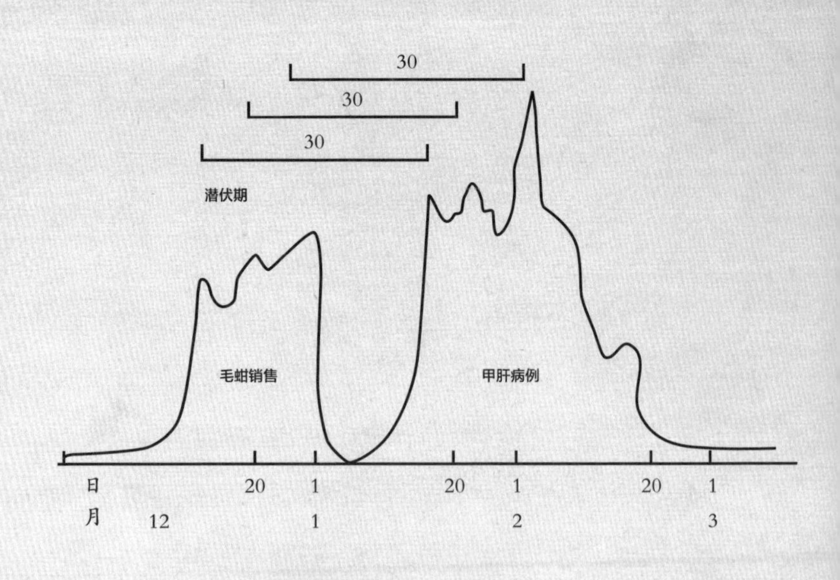

在1988年的甲肝风暴中，甲肝发病的三个高峰期分别回推30天，正好对应毛蚶销售的三个高峰期

后，人们发现80%以上的甲肝患者在此之前曾吃过蚶，而且那次甲肝疫情有三个高峰，每个高峰往前推30天（甲肝发病前的潜伏期），正好也都是上海毛蚶销售的高峰。

这些蚶是从江苏启东捕捞的。上海医科大学的胡善联教授、研究生汪建翔等人，租了一艘登陆艇到启东的产蚶海区，捞出蚶来，用cDNA分子探针杂交法等技术检测出海底毛蚶体内含有甲肝病毒。原来，启东海域受到了严重的人畜粪便污染，污染物中的甲肝病毒被蚶吸入，富集在了体内。人们烹饪蚶又不爱做熟，因此病从口入。

证据确凿，上海政府立刻下令禁售毛蚶。这个禁令从1988年一直延续至今。然而今天的上海，依然能或明或暗地买到毛蚶。毕竟它在上海人心中，地位曾堪比大闸蟹。

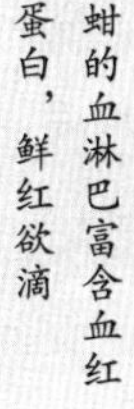

蚶的血淋巴富含血红蛋白，鲜红欲滴

何以见得？20世纪80年代有个调查，当时上海居民吃蚶率达32.1%：三个人里就有一人吃蚶。在上海民众还用木制马桶的年代，每家去河边洗马桶时，都要扔一些蚶壳进去翻搅。壳上的肋可以把脏东西刮得干干净净。可见人民食蚶多么普遍。

不光上海，整个东南沿海，蚶都是极受欢迎的贝类。潮汕、福建未受甲肝困扰，有幸至今可以食蚶。那里过年时，蚶是不可少的一道菜。吃完后，壳要撒在院内、床下，被称为“蚶壳钱”，象征财富，过几天才能扫走。

吃得多了，人们慢慢给蚶分了类。聂璜在《海错图》里就画了布蚶、丝蚶、朱蚶、巨蚶等。我们一个个来说。

《布蚶》是他画得最精细的一幅，他说：“布蚶，其纹比之于布，亦名瓦楞子。吾浙……止此一种，名蚶……古人所论，亦惟此种。”说明这是最常见的一种蚶。在聂璜的家乡浙江，市场上所有的蚶都是这种。它壳面上的纹路像布纹，又像瓦楞。数一数，每片壳上有十几条楞，每条楞上还有很多小疙瘩，这绝对是今天生物学上所称的“*Tegillarca granosa*”，这是拉丁文学名，中文正名叫“泥蚶”。它的特点就是壳上的楞较少，只有17～20条，显得很疏朗，楞上还有“结节状突起”。

聂璜还画了一种《朱蚶》：“壳作细楞如丝，小仅如豆，肉赤如血，味最佳。福省宾筵所珍。福州志有赤蚶，即此也。或有误作‘珠蚶’者，则非赤字之意也。”这种就不好说了。小仅如豆的话，只可能是某种蚶的幼体，很可能就是泥蚶的幼体。如聂璜所说，泥蚶“闽粤江浙通产”，不同产区、不同大小的个体，常被冠以混乱的俗名。聂璜说朱蚶是正名，珠蚶是误写，可潮汕美食家张新民认为珠蚶才是对的，因为它产自汕头一个叫珠池的地方。谁更有理，我想是掰扯不清楚的。

蚶在古书中还有个名字：天脔（音luán）。脔是小片的肉，天脔可理解为“此肉只应天上有”。唐人刘恂《岭表录异》中记有一种“天脔炙”，听名字非常厉害，但做法记述极简：“烧以荐酒。”如今潮州有一种“煏（音bì）蚶”法，可能最贴近天脔炙：在红泥小烘炉上放块瓦片，把蚶放在瓦上烤至吱吱开口。

然而，聂璜对天脔有不同的理解。他认为，这个词的真意简单粗暴：“从天上掉下来的蚶。”因为他见过一种蚶，真的长着翅膀。

《海错图》里的朱蚶

飞蚶之谜 三

《海错图》中有一幅《丝蚶》，附文是：“其纹如丝也。产闽中海涂，小者如梅核，大者如桃核，味虽不及朱蚶，而胜于布蚶。”此蚶壳上的楞更细密，没有结节状突起，那么可能是另一种蚶——毛蚶（*Scapharca kagoshimensis*）。当然也可能是其他种类。凭这么一张画实在不好认。

种类不是重点。我关注的是，这几个蚶，每只都长着四五个豆芽状的物体。再看后面的文字描述：“五月以后，生翅于壳，能飞。海人云：每每去此适彼，忽有忽无，可一二十里不等。然惟丝蚶能飞，布蚶不能。常阅类书云：蚶一名魁陆，亦名天脔。不解天脔之说，及闻丝蚶有翅能飞，始知有肉从空而降，非天脔而何？”看来，这豆芽状物竟是蚶的翅膀！蚶还能借此飞到空中，长距离迁徙。聂璜因此认定，天脔，正是这种会飞的蚶。

三年前我看到这段文字时，完全不信。在固定季节临时长出小翅膀在空气中飞行的贝类，哪有这种东西？那几片柔弱的翅膀，有何力量把蚶带上天？鉴于《海错图》里有不少不可靠的传说生物，我就没把此图当真。

我平时有项工作，是管理我们单位的官方微博“@博物杂志”，经常用这个账号回答网友关于生物的提问。有一天，一个网友问我：“吃蚶的时候发现蚶壳上有奇怪的东西，是什么？”并配了张照片。我一看，打了个激灵：一只蚶上，长着两个透明的豆芽状物，和《海错图》里的一模一样！

我赶紧给网友留言：“请问这个蚶还在吗，能不能寄给我？”不知何故，她再也没有回复我。但我的兴趣一下就被激发起来了，之前错怪了聂璜，为了赔礼，我要替聂璜把蚶翅之谜解开！

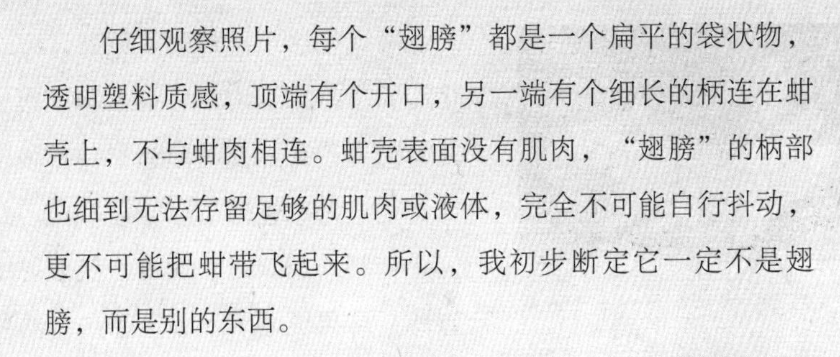

仔细观察照片，每个“翅膀”都是一个扁平的袋状物，透明塑料质感，顶端有个开口，另一端有个细长的柄连在蚶壳上，不与蚶肉相连。蚶壳表面没有肌肉，“翅膀”的柄部也细到无法存留足够的肌肉或液体，完全不可能自行抖动，更不可能把蚶带飞起来。所以，我初步断定它一定不是翅膀，而是别的东西。

《海错图》中一种似蚶而色绿的贝类「江绿」

用“蚶”“翅膀”等关键词搜索后，我发现福建省福鼎市有个地方叫硖门，当地有一土产——硖门飞蚶。有一篇公众号文章说：“飞蚶到了夏季会长出一双翅膀，其实这是蚶的卵袋，长在外壳上，像羽毛球拍一样，质感如塑料膜一样晶莹。里面有卵，如果卵已孵化，袋就是空的。当外界刺激时，卵袋急速振动，能把几百倍重于翅膀的蚶身带动飞跃起来。夏季中下潮水线一带，海水冲滩，成群泥蚶呈抛物线状飞跃起来，如冰雹般纷坠，不愧是一大奇观。”

在这段神奇的文字里，我又找到了几张带翅膀的蚶的照片。其中，确实有的“翅膀”是不透明的，有内含物，而有些就是透明的，说明内含物已排出。每枚蚶的翅膀没有定数，有的长了七八个，有的只一个，更证明这东西是随机产生的，不是为飞而生。“成群泥蚶呈抛物线状飞跃起来”，不出意外的话，定是随口胡扯。

《海错图》中的巨蚶。个体极大，『如盆如盂，其大如箕』，蚶中最大的魁蚶也不可能有这么大，所以必不是蚶科的。根据外形和产地描述（多产琉球岛屿间），应该是砗磲科的物种。聂璜说，有人用它来『琢为器皿，伪充砗磲』，说明其不是做珠宝的鳞砗磲、长砗磲，而应该是较少被人利用的其他砗磲科物种，如砗蠔

砗蠔属于砗磲科砗蠔属。虽不如砗磲巨大，但也算大型贝类，壳长近20厘米。如今常在海滨卖贝壳纪念品的摊位出现

网文说这东西是蚶的卵袋，可蚶的繁殖方式明明是把精子和卵子直排进海水，根本不产卵袋。就我所知，只有海螺才会把卵产在坚韧的卵囊里。我和上海海洋大学的研究生刘攀讨论，他也倾向于这是海螺卵，并发给我一张照片：他的同学在野外调查时，发现一只大香螺的壳上也长了同样的小翅膀！这更证明“翅膀”不是蚶的卵了。一定是某种螺在海底一边爬行一边随处产卵（不少海螺都有这样的习性），爬到香螺上，就产在了香螺壳上；爬到蚶上，就产在了蚶壳上。蚶平时埋在泥里，只有壳的前缘露出泥面以便进出水。如果有足够的样本证明“翅膀”全都附着在蚶壳的前缘，再鉴定“翅膀”中卵的种类，就可以验证我的猜测。

但是问了一圈福建的朋友，竟然都未听说过“硖门飞蚶”。硖门这个地方，去一趟也比较麻烦，去了也没人带路，而且也不知“翅膀”生出的具体月份，于是这件事就一直放下来了。我大学时的室友汤蔚，现在在福建农林大学当老师，答应帮我留意飞蚶。

我模仿《海错图》里的摆放方式，拍下了飞蚶的实物照

柳暗花明

⑤

2018年，我给《博物》杂志的肯尼亚旅行团当讲解老师。团员里有位在厦门大学读硕士的姑娘，叫曾文萃，她研究鲍鱼、凤螺等海洋软体动物。得知她的身份后，我马上跟她说了飞蚶的事。她想了想，说："和方斑东风螺（象牙凤螺）的卵囊很像，可能是它的近似种。"她给我看方斑东风螺的卵囊，确实与"翅膀"酷似，只是更加矮胖。看来，"翅膀"是一种螺的卵囊，应无问题。

2019年4月中旬，我觉得不能再拖下去了，就在微博上向网友征集"飞蚶"的线索。没想到正赶上飞蚶的产季，好几位福建网友反映，福州、霞浦、福鼎市场都正在卖这种蚶！很快，网友"@想取个名字很短很短的"给我寄来了一小箱飞蚶。几乎同时，汤蔚也在福州超市发现，普通的蚶堆里混有飞蚶。超市阿姨并不认识飞蚶，还问汤蔚："要这种长草的干什么？"我让汤蔚把飞蚶分成两份，用冰袋镇好，一份寄给我，一份寄给厦门大学曾文萃的实验室。

所有『翅膀』都长在蚶壳的前缘，即蚶露出泥面的部位

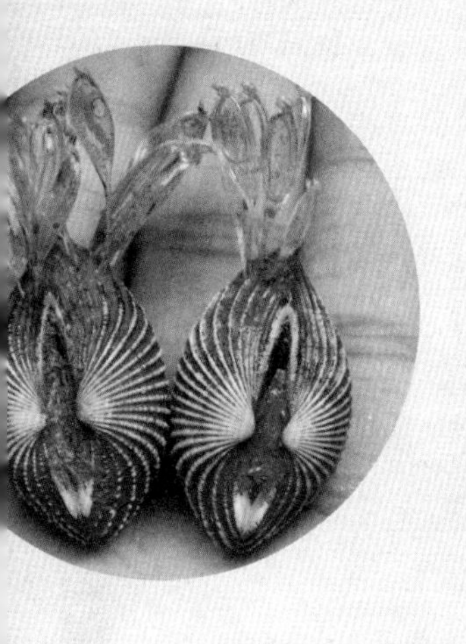

快递到了我家。曾经令我不敢相信的神秘生物、三年苦寻未见的飞蚶，就这样一大箱地摆在面前，真令人百感交集！情绪稳定后，我观察发现，每个蚶上的"翅膀"都无一例外地附生在蚶壳的前缘，也就是蚶活着时露出泥面的部位，这说明确实是某种动物在泥面上爬行时把卵产在蚶壳上的。与此同时，在厦门大学，文萃用显微镜观察"翅膀"内部的小颗粒，发现那些果然是海螺的幼体！在不同的"翅膀"里，可以找到螺的各个发育阶段：受精卵、4细胞期、面盘幼虫、长出螺壳的幼体，一应俱全。

文萃对"翅膀"进行了基因检测，这是鉴定物种最准确的方法。几天后，结果出来了：小"翅膀"的18S2基因片段和一种海螺——金刚螺（又名衣裳核螺，*Sydaphera spengleriana*）有99.86%的相似度，但是和金刚螺的COI基因比对不上。18S2基因是一段比较保守的基因，就算是不同种的螺也可能一样；COI基因是特异性比较强的基因，如果比对得上，就说明是同种。所以检测结果是：飞蚶的“翅膀”是一种螺的卵囊，它和金刚螺同属于核螺属，但不是金刚螺。我又查了这个属的卵囊形态，与“翅膀”一模一样。

虽然最终没有鉴定到种，但鉴定到属已经相当不易了。现在，我可以负责任地说，《海错图》里“丝蚶”壳上的翅膀，是核螺属的一种小海螺产的卵。春末，它在浅海爬行，把卵散产在海底，也产在了蚶露出泥面的壳上。人类在捕捞蚶时，受海水、海风的扰动，卵囊会轻轻摆动，不细看的话，可能会误以为是蚶在“扇翅膀”，一番添油加醋后，就有了飞蚶的传说。

有些卵囊里尚存有一粒粒的卵

人们总觉得，古人记载的东西，现代科学肯定早就研究透了，但这幅康熙年间的小画背后的真相竟几百年间无人知晓。这就是古代博物学的价值。被现代人忽视的细节，古人会记录下来。在与古人对话时，我们就能朝花夕拾。

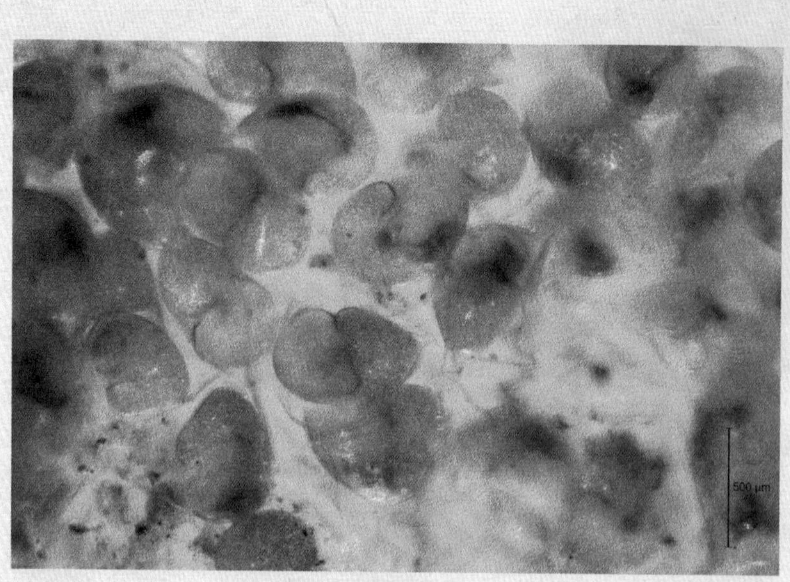

曾文苹用显微镜拍摄的照片显示，有些卵囊里的卵已经长成了带螺壳的幼体

组团飞起来了

六

其实蚶能飞这件事，一听就非常无稽，按聂璜的脾气，应该对此加以质疑才对，可聂璜没有半点怀疑。因为他之前就听说，广东有一种“天蛤”，也会从空中飞来。既然有先例，那么“蚶之应候而飞，闽人岂欺余哉”？

这种天蛤，聂璜也画了，是一种白色的双壳小贝，名曰“白蚬”。聂璜引《广东通志》的说法：“广东番禺有白蚬塘，广二百余里。每岁春暖雾起，曰‘落蚬天’，有白蚬飞堕，微细如尘，然落田中则死，落海中得咸水则生。”白蚬旁还有个黑色的贝，叫“蠕”，据说它在打雷后出现。

“落蚬天”一名，不知现在广东人还说不说了，反正直到民国还有。民国作家叶灵凤曾记载：“香港春天多雾，又多南风。南风一起，天气就‘回南’，这时就潮湿得令人浑身不舒服。有时天空又降下浓雾，白茫茫的一片，似烟似雨，不仅模糊了视线，就是呼吸好像也被阻塞了似的。这是沿海一带春天常有的天气，海滨渔民称这种天气为‘落蚬天’，因为他们相信海边所产的蚬，乃是在雾中从天空降下的。”

廣東番禺有白蜆塘廣二百餘里每歲春煖霧起名落蜆天有白蜆飛隨微細如塵然落田中則死落海中得鹹水則生秋長冬肥積至數丈乃撈取蠕比黄蜆而大聞雷則生雷少則鮮故文從雷

蠕蜆合贊

蠕因雷發蜆以霧成
番禺天蛤所由以名

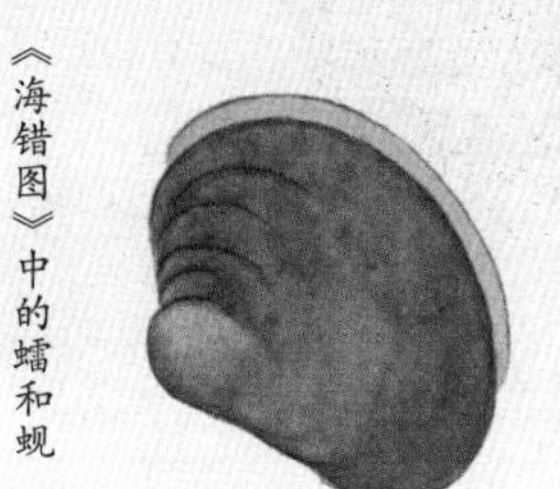

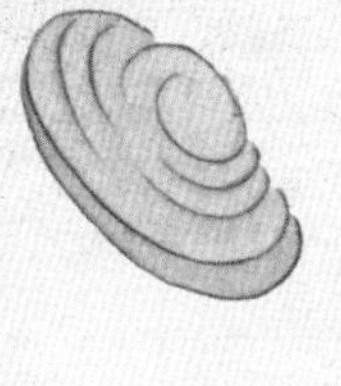

《海错图》中的蠕和蚬

河蚬（*Corbicula fluminea*）

飛蟹狀如金錢蠏産廣東常以足束並如翼從海面羣
飛漁人以網獲之其味甚美類書及廣東新語皆載

飛蟹賛

有足不行無翼而飛
粵東奇産他處罕希

台北「故宫博物院」藏《海错图》第四册中的「飞蟹」

蚬，是蚬科小型双壳贝的泛称，河蚬（*Corbicula fluminea*）、江蚬（*Corbicula fluminalis*）与《海错图》中的白蚬较相似。而黑色的“蠕”，可能是大蚬（*Corbicula subsulcata*）。它们的幼体都是在水中浮游的，不可能从天而降。然而回南天时，被水雾裹得喘不上气的人们，可能真的会相信，如此浓的雾足够承载起如尘的小蚬。想必蚬苗在水中出现时正赶上回南天，人们就将二者联系起来了。蠕应也是如此，它的出现期正与雷雨季重合。

《海错图》里还有一种飞行动物，叫“飞蟹”。它“常以足束并如翼，从海面群飞，渔人以网获之，其味甚美”。虽然它和飞蚶、天蛤一样，在现实中并不存在，但我真希望它存在，太可爱了。

大蚬（*Corbicula subsulcata*）是蚬中的「巨人」

青蚶（*Barbatia obliquata*）。我这两个标本年龄不够大，还没长开。其实成体青蚶的壳两端膨大比较明显，还是很像银锭的。虽然形状欠佳，但还是能明显看出壳体泛绿、花纹似竹笼等特征

金刚螺（衣裳核螺）。在蚶壳上产卵的螺，就是它的亲戚，肯定和它长得差不多

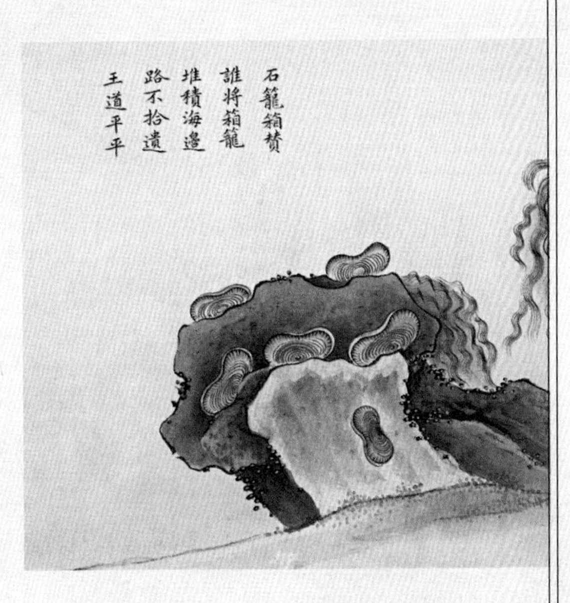

《海错图》中有一种贝类，叫『石笼箱』，描述为『两壳状如银锭，生石上，有细纹如竹笼形……产福宁海岩』。中科院动物研究所的专家将此图鉴定为布氏蚶。但布氏蚶的壳面是棕色的，且多在北方，南方很少，不符合画中绿色的壳体和产地福建的描述。我认为石笼箱其实是蚶科的青蚶（*Barbatia obliquata*），它的壳两端大，中间细，壳面略显绿色，有一层层纵横交织的细纹，正似竹笼质感，且生于浙江至海南沿海，以足丝附着在礁石上，符合《海错图》中所有的描述

第三章 虫部

謝若愚曰海蜈蚣在海底風將作則此物多入網而無魚蝦按海蜈蚣一名流螭生海泥中隨潮飄蕩與魚蝦侶柔若螞蝗兩旁辣排肉刺如蜈蚣之足其質灰白而斷紋作淺藍色足如菉葉綠漁人網得不鬻於市人多不及見而海魚吞食每剖魚得厥狀考之類書志書通不載詢之土人知為海蜈蚣得圖其狀更詢海人以此物亦可食否曰漁人識此者多能烹而啖之其法以油炙于鑊用釀醋投爆綻出膏液青黃雜錯和以雞蛋而以油炙食之味腴嘗閱蟒蛇至大神龍至靈而反見畏於至小至拙之蜈蚣今海中之形確肖疑洪波巨浸之中亦必有以制毒蛇妖龍也亦有紅黃二種附繪考字彙魚部有⿰魚吳⿰魚公二字疑指魚中之蜈蚣

海蜈蚣贊

物類相制龍畏蜈蚣
海中產此驚伏妖龍

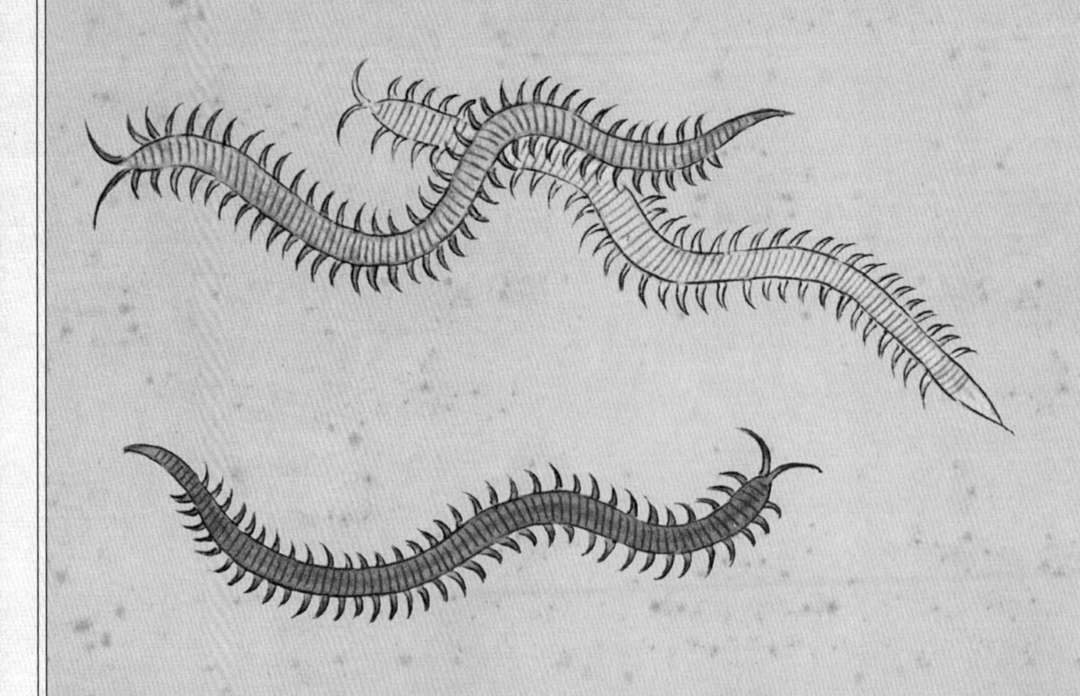

【海蚕、海蜈蚣】

与马同气，惊伏妖龙

海边有句话：地上有啥，海里就有啥。意思是，地上的生物都可以在海中找到形似的对应者。这不，《海错图》里就有一种『海蚕』和一种『海蜈蚣』，它们是什么动物呢？

海蠶裸蟲也裸蟲無毛毛蟲盡則繼以裸蟲裸蟲三百六十而以人為長人為物靈不可並舉故愽物等書止稱麟鳳龜龍為四靈之長今海上之裸蟲多矣不得不並毛蟲而共列之而以蠶繼焉者海馬雖未嘗變海蠶而蠶與馬同氣原蠶之禁見於周禮合之六帖馬革裹女化蠶之說要亦有異況蠶之食桑如馬之在槽而首亦類馬故亦稱馬頭娘然此但言陸地之蠶與馬同氣者如此而海蠶則更有異焉南州記曰海蠶生南海山

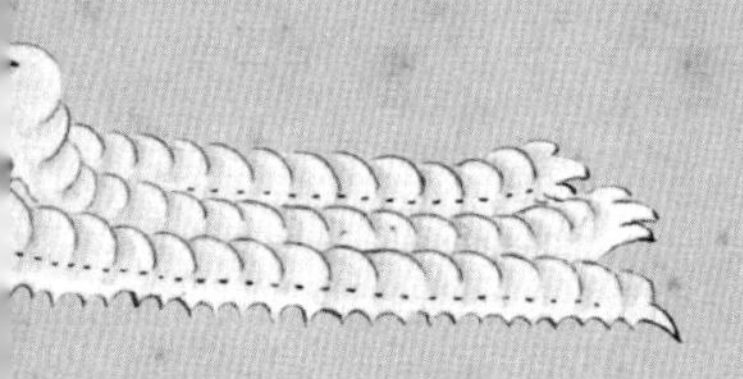

海蠶贊

蠶本龍精

先諸裸生

性秉陽德

頭類馬形

驯化『天虫』一

人类驯化了多种动物，但在昆虫界罕有胜绩。称得上成功的，只有两位：蜜蜂和蚕。对中国人来说，蚕尤为重要。

家蚕源自中国野生的昆虫——野蚕。野蚕的体色灰暗，家蚕则洁白可爱。野蚕茧很小，家蚕茧大而结实，还有白色、黄色、绿色等品系。而且，家蚕的幼虫可以放在笸箩上养，只要有桑叶，不盖盖子都不会跑。变成蛾子后，又丧失了野蚕蛾的飞行能力。这些都说明，家蚕已经彻底被人类改变了。而这一切，都是中国人做到的。

反过来，家蚕也改变了中国人。种桑养蚕成了中国人的头等大事，与种庄稼并列，合称“农桑”。既然这么多人都指着蚕过活，那么造出一个“蚕神”来供人祭拜，就是很自然的了。民间常供奉一位叫“马头娘”的蚕神，形象是一位披着马皮的女子。等等，蚕跟马有什么关系？

我高中时在北京十渡山区找到的野蚕。它的胸部膨大，上面有两个明显的眼斑，用来模拟蛇头

家蚕胸部的眼斑模糊或消失，不再像蛇头，而像马头了

蚕与马同气（二）

聂璜在《海错图》中道出了其中一个原因：马革裹女化蚕之说。晋代的《搜神记》里说，上古时期有个姑娘，思念出征的父亲，就跟家里的马开玩笑："尔能为我迎得父还，吾将嫁汝。"结果马真把她爸接回来了，之后还不断向姑娘显露爱意。她爸知道后，就把马杀了，剥下皮来挂在院子里。结果马皮腾起，把姑娘卷走，落在树上，变成一种迥异于野蚕的蚕，就是今天的家蚕。

传说毕竟是传说，蚕和马的联系有更早的来源。战国时的《荀子·赋》在提到蚕时有一句："此夫身女好而头马首者与？"意思是说，蚕的身体像女子一样苗条柔软，而头像马头一样。这才是蚕和马的真正渊源：蚕的前端膨大，形似马头。其实，膨大的那部分并不是蚕的头部，而是胸部，上面还有两个大大的眼斑，这样看上去就很像蛇头，可以有效地吓阻天敌。野蚕的这两个眼斑尤为逼真，然而被驯化成家蚕后，眼斑就模糊甚至消失了，人们也就看不出蛇的样子，而视其为马头了。"马革裹女"的传说，也是因此而产生的。蚕与马的形似，使古人一直有一个理论，叫"蚕与马同气"，即蚕和马本质上是相通的。聂璜如是解释："蚕之食叶如马之在槽，而首亦类马，故亦称马头娘。"

《海错图》中的「海蚕」

聂璜又听闻海里也有海蚕，却没见过海蚕，只好根据陆地上的蚕画了3只"海蚕"，个个长着马脑袋。聂璜收录了两条关于海蚕的记载："《南州记》曰：海蚕生南海山石间，形大如拇指，其蚕沙白如玉粉，真者难得。又《拾遗记》载：东海有冰蚕，长七寸，黑色，有鳞、角，覆以霜雪。能作五色茧，长一尺，织为文锦，入水不濡，入火不燎。"这些描述过于离奇，听听就好。今天人们所称的海蚕，指的是一类在海边沙子里的小虫，即"沙蚕"。《海错图》中也画了沙蚕，标注的名称是"海蜈蚣"。

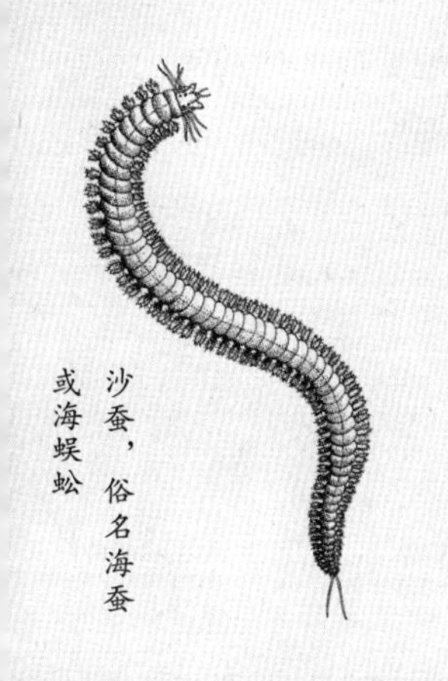

沙蚕，俗名海蚕或海蜈蚣

海中蜈蚣

㊂

聂璜听一位叫谢若愚的人说，海蜈蚣藏在海底，风浪要来时，渔网中就捞不到鱼虾，而多是海蜈蚣。聂璜准备把它画下来，想查查资料，却发现“类书、志书，通不载”。当时聂璜住在福建，去当地的海鲜市场也找不到海蜈蚣，因为“渔人网得，不鬻（音yù，卖）于市，人多不及见”。后来，他在厨房收拾海鱼时，发现剖开鱼肚后，总能找到一种“柔若蚂蟥，两旁疏排肉刺，如蜈蚣之足。其质灰白，而断纹作浅蓝色，足如菜叶绿”的虫子，询问百姓后，才知这就是海蜈蚣。它是海鱼最爱的食物，海边人钓鱼前，总要在沙滩上挖一堆海蜈蚣（沙蚕）当饵，就如同内陆人钓鱼前要挖蚯蚓一样。

事实上，我们真可以把沙蚕视为滩涂中的蚯蚓。和蚯蚓一样，沙蚕也在泥中钻洞，也取食泥沙中的有机物，甚至也会在沙滩上拉出蚓粪一样的小丘。蚯蚓对于陆地土壤来说非常重要，沙蚕则对滩涂起着相同的作用——它可以取食其他生物的排泄物以及动植物残体，维持海滩的清洁。它到处钻洞，让海泥疏松透气，促进了有机物的分解。1991年11月—1992年5月，张志南等学者在山东文登的30个养虾池里投放日本刺沙蚕，发现在3个月内，沙蚕可以将池底表层厚5厘米、面积558.9平方厘米的沉积物整体翻新一遍。2011年，《水产学报》上刊登的一篇论文显示，在鱼池里加入双齿围沙蚕，池底的氮、磷污染物比单养鱼降低了10%左右。科学家们在天津塘沽、连云港、渤海湾等地受破坏的滩涂上投放沙蚕，没过多久，沙蚕就明显地“清洗”了海沙，生态环境得到了修复。

我在泰国丽贝岛沙滩上看到许多条状沙子，堆积成小丘，形似蚯蚓粪，但比蚯蚓粪壮观得多。回家查阅资料才知道，这是某种大型多毛纲动物的粪便。说是粪便，其实就是经肠道过滤后的沙子，相当干净

深圳海边石头下的沙蚕。乍一看很像蚯蚓，但沙蚕每一节体侧都有疣足，凭这就可以和蚯蚓区分开。

沙蚕与蚯蚓如此类似，是因为它们亲缘关系并不远，都属于环节动物门。只不过，沙蚕是多毛纲的，每个体节常长着又长又多的刚毛。而蚯蚓是寡毛纲的，刚毛少且不明显，以至于大部分人根本没意识到蚯蚓也是有毛的。沙蚕的体侧有肉质的“疣足”，可以活动，上有刚毛，辅助钻泥。这就是聂璜所说的“两旁疏排刺，如蜈蚣之足”了。蚯蚓就没这套设备。

聂璜并不了解这些现代动物知识，他压根儿没把沙蚕和蚯蚓联系起来。在他眼里，沙蚕还是跟蜈蚣关系近：“尝闻蟒蛇至大，神龙至灵，而反见畏于至小至拙之蜈蚣。今海中之形确肖，疑洪波巨浸之中亦必有以制毒蛇妖龙也。”他听说龙会害怕陆地上的蜈蚣，就认为海蜈蚣就是海生的蜈蚣，可以制服海中的妖龙。其实，沙蚕虽然叫海蜈蚣，却和真正的蜈蚣没有关系：蜈蚣属于节肢动物门，跟沙蚕都不是一个门的。

很多海鱼都爱吃沙蚕

禾虫和流蛴 四

聂璜记载了沙蚕的一个略显怪异的别名："海蜈蚣，一名'流蛴'。"今天的福建人看到此名应该很亲切，这正是沙蚕在福建的称呼。聂璜客居福建多年，自然获得的是福建土名。而沙蚕更著名的一个土名他就无缘得知了——广东人称之为"禾虫"。

现在各种资料都说，禾虫和流蛴仅指"疣吻沙蚕"这一个种。我表示怀疑。沙蚕的种和种之间差别不明显，要靠头部和疣足的微观形状才能准确辨别。所以这两个名字估计指代好几种形近的种类。

虽然俗名不一样，但福建和广东对它的烹饪手法却差不多。是的，这东西也能吃。聂璜在画完海蜈蚣的图像后，潜意识里觉得海民应该不会放弃这种蛋白质，便问海民："此物亦可食否？"果然得到了满意的答复："渔人识此者，多能烹而啖之。其法以油炙于镬，用酽醋投，爆绽出膏液，青黄杂错，和以鸡蛋，而以油炙，食之味腴。"

这是福建的做法。广东也用它煎鸡蛋。当然还有其他做法。《广东新语》中记载："得醋则白浆自出，以白米泔滤过，蒸为膏，甘美益人。"这"白浆"，就是《海错图》里的"膏液"。禾虫的鲜美尽在其中。饱含白浆的禾虫偏又敏感得很，稍经扰动，虫体就会爆裂，漏了满身。粤地有句话形容人脾气暴："禾虫命——一出爆浆。"

禾虫受到调料的刺激，爆出了白浆

烹饪过程中，爆浆无妨，反正最后都会吃进去。不少厨子还会故意刺激它们爆——在虫身上撒盐、撒醋，或者用筷子搅拌，让风味物质随浆流出。但是在之前的清洗过程中，反而要千方百计阻止爆浆。此时禾虫尚带泥水，若动作太大爆出浆来，这浆可有"传染性"，沾到其他虫身上，会导致

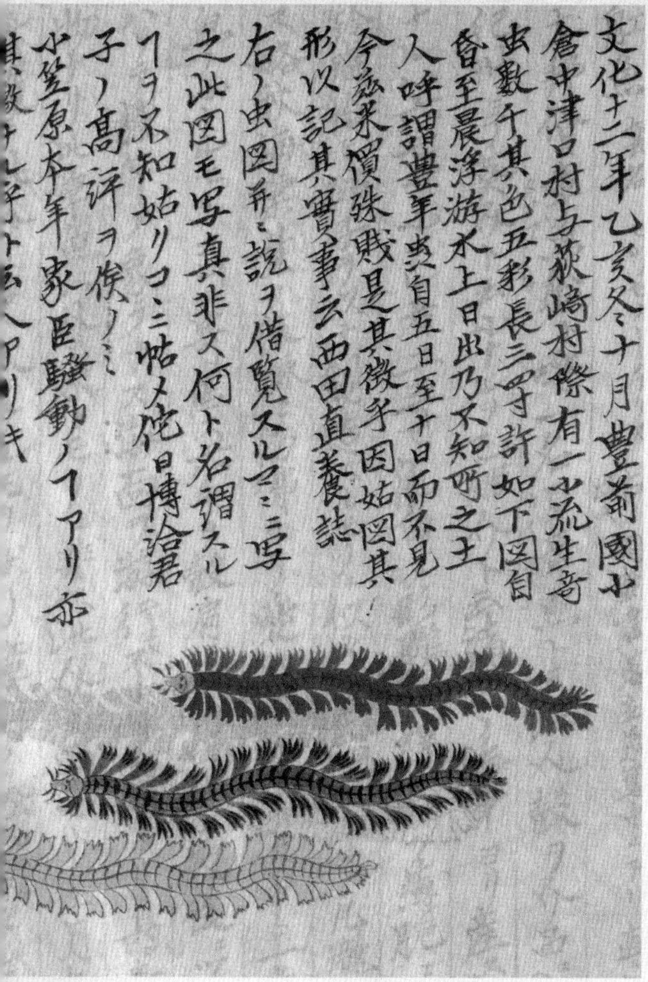

日本江户时代的《千虫谱》中，用汉字记载了一件发生在日本的真事：『文化十二年乙亥（注：即公元1815年，相当于清嘉庆二十年）冬十月，丰前国小仓中津口村与荻崎村际，有一小流，生奇虫数千。其色五彩，长三四寸许，如下图。自昏至晨浮游水上，日出乃不知所之。土人呼谓「丰年虫」。自五日至十日而不见。今兹米价殊贱，是其征乎？』从发生季节、虫体形态、行为来看，都和中国的『正造禾虫』一模一样。《千虫谱》绘制时，《海错图》深藏紫禁城，所以日本绘者肯定是独立绘制的，但所绘画面和《海错图》里的『海蜈蚣』酷似，甚至三条虫的颜色都和《海错图》里的相同，是颇有趣的巧合

连锁爆浆，盆中咕叽作响，变成一盆脏糨糊，吃也不是，扔也不是。有个方法预防：两手持一根细绳的两端，从一盆禾虫的表层刮过，绳上就会挂上一排虫，把它们放到细网筛上轻柔洗净，这样分批洗，禾虫就不会爆浆了。

浆是什么？大部分是禾虫的精子和卵子。平日的禾虫，肚内没有此物，只在一年中的两次“禾虫造”时才会有。

禾虫过造恨唔返 五

“造”，是粤地方言。《广东新语·文语·土言》中说：“一熟曰一造。”禾虫造，就是禾虫成熟的时候。和一般沙蚕不同，禾虫并不是纯粹的海洋生物，可以耐受相当程度的淡水，能在河流入海处的稻田里生活。平时它们在田泥下隐藏，只在农历四月至五月和九月至十月涨大潮时钻出来繁殖。此时分别是早稻和晚稻孕穗扬花的时候，禾虫也因此得名。四五月那批被称为早造虫，较瘦；九十月那批叫晚造虫、正造虫，听“正造”就知道，这是虫子一年中最肥满的时候，生殖腺充盈了虫体，每只雌虫都怀着20万～30万颗卵。

禾虫必须要在涨潮的水中繁殖，这样后代才能随潮水退去散布到远方。然而它又是各种生物钟爱的食物，从泥里一冒头就可能被叼走。于是，禾虫采用了一种孤注一掷的策略：在极其特殊的几个晚上，同时集体钻出来，用夜色的掩护和庞大的数量来降低损失。生物学上称之为“群浮”。这几个晚上需要满足很多条件：温度不能低、水中要有足够的盐度（意味着涨大潮）、月相要在新月或满月附近几天（即《广东新语》介绍禾虫造时所说的“初一二及十五六”）。因素越多，日子就越受限、越精确、越能保证大家在同一时刻出来。

禾虫的身体只适合钻泥，不适合游泳。为了在繁殖那天在水中畅游，快速找到异性，它会用一段时间改变自己的身体，变成一种独特的形态——异沙蚕体。它的体长缩短，宽度增加 1 倍，眼睛变大，口旁触须变长，身体中后部的疣足更加强壮、扁平，疣足上的丝状刚毛变成了桨状。原本雌雄难辨的它们，变成异沙蚕体之后也好分了：雌性是冷美人，绿里泛蓝；雄性是暖男，红里透黄。聂璜画的“海蜈蚣”很好地展现了这一点。

市场售卖的禾虫。红里泛黄的是雄性，绿里泛蓝的是雌性

那一夜终于来了。泛着咸味的潮水淹没了稻田，禾虫们收到信号，如雨后春笋一样钻出泥来，向水面游去。雄性迅速找到雌性，围着它打转，这有个名词，叫“婚舞”。雌性比较慢热，一个小时后终于兴奋起来，一边迅速游泳，一边身体裂开口子，把全身的卵毫无保留地释放出来。雄性受到扑面而来的卵浪刺激，情难自制，也释放出精子（这就是为什么一虫爆浆后易导致连锁爆浆）。精卵在水中自由结合，半小时后，父母们变成干瘪的躯壳，沉入水底。若它们有表情，定是含笑九泉的。

这是理想状态。若有人类掺和，就不一样了。渔民在禾虫狂欢的夜晚，兴奋度不亚于禾虫。提前看日历、观天象、备齐网具，入夜后，在禾虫刚开始乱游、未释放精卵之时就将其捞起，小心清洗后迅速发往市场。无数老饕正嗷嗷待哺呢!

民国作家叶灵凤曾常住香港，据他说，广东有“禾虫瘾”一词。某些人嗜禾虫上瘾，认为禾虫是“得稻之精华者也”。民国时的港英当局认为禾虫不洁，禁止买卖，竟有人把禾虫经中山，过澳门，走私到香港，在小巷中贩毒般偷摸售卖。毕竟广东有句俗话：“禾虫过造恨唔返。”意思是，错过了禾虫造，悔恨也没用了。

寸断或全尸 ⑥

大部分中国人都没听说过的一个地方——南太平洋西萨摩亚群岛，每年11月的一个晚上，会发生与“禾虫造”极其相似的事情。当地浅海里有一种矶沙蚕，在那一天夜里，也会群浮、集体婚舞。不同的是，它们只把尾部脱落放走，前半段还留在礁石上继续生活。尾部虽然没有脑袋，却也能无师自通地游到海面释放精卵。当地人把这一天视为大日子，拖家带口拿着手电和手网，蹚海捞虫。甚至等不及烹饪，从网里抓起来就直接扔进嘴，和万里之外的广东人、福建人达成了默契。

有个细节引起了我的注意：《广东新语》说禾虫狂欢时“乘大潮断节而出，浮游田上”；广东文人黄廷彪《见食禾虫有感》描述禾虫“一截一截又一截”；顺德人张锦芳的《禾虫》诗说“蜿蜒陇底尺有咫，出辄寸断无全形”。似乎虫体都不完整。难道禾虫和西萨摩亚的矶沙蚕一样，只让身体后半截参与繁殖？

查遍关于疣吻沙蚕的文献，都没有提到这样的习性。亲眼去市场看看是最好的，然而北京没有这玩意儿。写此文期间，单位想让我参加一个东莞的采风，我有事没去，结果他们在席上吃了禾虫！悔得我肠子都青了。只能从他们拍的照片上辨认，似乎每条虫长度都差不多，都有头有尾。询问了一些福建、广东的朋友，看了不少照片和捕捞禾虫的视频，终于确认，禾虫是整个虫体参与群浮的，并不会主动断。市场售卖的也基本全是整虫，所谓“断节而出”“寸断无全形”，要么指的是繁殖过后死亡的残缺虫体（释放精卵时身体会破裂），要么就是捕捞、运输、清洗不慎造成的破损。用心的话，是可以避免断的。

沙蚕的幼体，会先在水中浮游，取食藻类等，长大后才钻进泥里

一只剑鸻从沙滩里拽出了沙蚕。沙蚕是许多海滨生物的重要食物

还虫于田 七

人们捕捞了这么多未产卵的禾虫，似乎很影响其种群。其实禾虫是食物链底层物种，数量多、繁殖力强，就像荒地上的野草，只要留着这片地，草是拔不净的。可这片地要是盖了楼或灌了毒，就不一样了。禾虫对农药等污染相当敏感，哪里被污染，它就会逃走，而海边滩涂、稻田的减少，又让它逃无可逃。近些年，禾虫的产量下降很厉害，不得不从越南进口一部分来满足国内市场。

有人开始养禾虫了。华南师大有个禾虫养殖场，为了避免下药，用水草和吃微生物的鳙鱼来净化水质，每个月还人工模拟涨退潮三四次，刺激虫子生长。虫子要群浮时，就根据市场需要，有计划地给某几个池子注水，等虫子游出再排水，用网兜住排水口，就能轻松收获整池禾虫。广西钦州市牛骨港出产一种海水稻“海红米”，脱壳后是红的，非常耐海水，但因为产量低，逐渐被忽视。后来人们发现禾虫值钱，就在海红米田里套养禾虫，稻米不施肥打药，靠禾虫提供营养，虫也肥了，米也变成有机食品了，收入比单种稻翻了五六倍。

我看这样挺好，如果养殖群体能反哺一下野生资源，那就更好了。聂璜说海蜈蚣能降伏妖龙，其实在放大镜下，海蜈蚣自己就像一条微型蛟龙。有它们在滩涂下翻腾钻营，海岸才能生机勃发。

蝗虫化蝦賛

蝗虫入海德政所致
化而為蝦其毒不熾

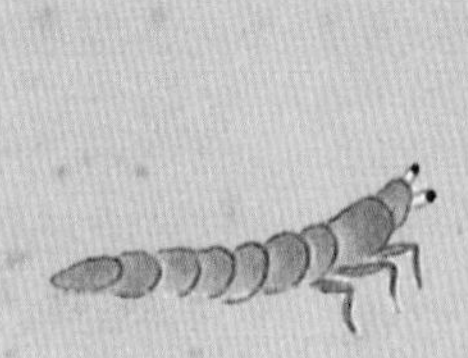

天蝦賛

蝦不在水乃遊于天
居然羽化虫中之仙

【天虾、虾化蜻蛉、蝗虫化虾】

虾不在水，乃游于天

虾能飞上天，飞虫也能入海变虾。这些看似无稽的传说背后，隐藏着真实的自然现象。

蝦化蜻蛉贊

蝦學鯤魚飛欲鵬比
惡居下流水窮雲起

海中不该有此虫

一

台北“故宫博物院”所藏《海错图》第四册中，有“天虾”图一幅。看上去就像两只长了翅膀的虾，正在天上飞翔。聂璜介绍：“天虾，产广东海上，状如蛾而有翅，常飞于天，入海则尽为虾。或为黄鱼所食，亦称黄鱼虫。海人捕其未变者，炙食之，甚美。”

作为一名昆虫分类学硕士，对常见的昆虫，我一般都能一眼鉴定到科。而面对“天虾”，我竟然一时没有头绪。海里不该有这样的虫啊。

大家可能有所不知，昆虫虽然在陆地上非常常见，但海洋中几乎没有昆虫。科学家也不明白这是为什么，最可能的解释是，昆虫是从陆地上起源的（这一点已获得共识），所以身体是高度适应陆地的，当它打算进入海洋时，本身的优势——体内受精、有翅能飞，在海里就没用了，竞争不过早就占领海洋的甲壳动物和软体动物。中国是世界昆虫大国，但海洋昆虫只有20种左右，而且要么不会飞（如海黾），要么就是摇蚊这类鼻屎大的小飞虫，没有像“天虾”这样如蛾、虾般大，还翅膀发达的昆虫。

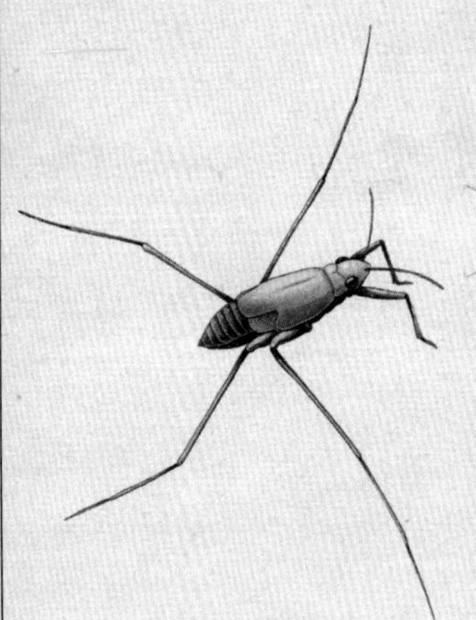

淡水湖水面上，常能看到一类行走在水面的长腿小虫：黾（音měng）蝽。它有一支来到了海面生活，即『海黾』。海黾无翅，体表密生一层拒水毛，使它泛着蓝灰色的光。海黾取食一些海面的小动物，把卵产在海面的漂浮物上。图为丝海黾（*Halobates sericeus*），它是生活在中国海域的5种海黾之一

那么就有这么几种可能性了。1.“天虾”根本不是昆虫，而是其他无脊椎动物。这个猜想可以马上被否定掉，因为无脊椎动物里只有昆虫有翅，所以天虾肯定是昆虫。2.“天虾”是一种彻底杜撰出来的生物。3.聂璜只说“天虾”产于海上，“海上”也可以理解为海的上空，所以“天虾”未必就是海洋昆虫，也可能是一种陆生昆虫，会在海滨群飞而已。“入海尽为虾，或为黄鱼所食”则说明，此虫的生活史中有一个落入水中的过程。

真正的答案，就藏在后两种可能性里。我开始查阅其他文献，寻找天虾的更多信息。

我先查了现代资料。《汉语大词典》中说：“天虾：龙虱和桂花蝉之类的水生昆虫。为广西、广东居民爱食之品。”龙虱是一类鞘翅目昆虫（我在《海错图笔记》第一册中有专文详述）；桂花蝉又称田鳖，在中国指大鳖负蝽、印鳖负蝽这两种昆虫。龙虱和桂花蝉都生在淡水河湖里，确实是两广地区的食用昆虫，但它俩黑壮魁梧，跟天虾的模样截然不同。

现代资料对不上，那再翻翻古书。清《御定月令辑要》载有一道岭南美食：天虾鲊（音zhǎ，剁碎后加米粉、盐腌制的食物）。“岭南暑月，白蚁入水为虾。土人夜以火烛取，制为鲊，名天虾鲊。”白蚁巢里会定时产生一批长翅的个体，被称为繁殖蚁。夏天的雨后，它们就大量飞出来交配。人们称它们“大飞蚁”或“大水蚁”。交配后，它们会让翅脱落，钻进地下或木头中，成为蚁王和蚁后，建立新王国。

我在南京上大学时见识过这种景象，每个路灯下都有一大群白蚁在飞。看着它们肥硕的样子，确实有一种想吃的冲动。据《中国食用昆虫》记载，如今有30多种白蚁依然被中国百姓食用。难道“天虾”是白蚁的繁殖蚁？

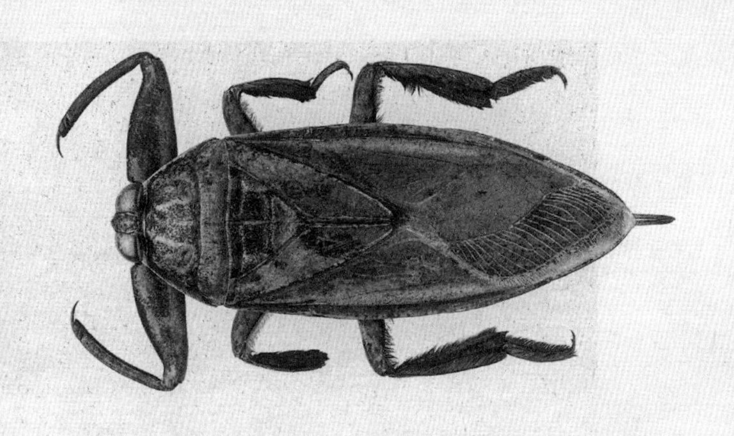

桂花蝉并不是蝉，而是鳖负蝽亚科的成员。它们生活在稻田、池塘里，用尾端的呼吸管伸出水面呼吸。鳖负蝽体型巨大（可达15厘米），有捕食鱼、蛙、蝮蛇和幼龟的记录，在两广和东南亚地区，是售价不菲的食用昆虫

白蚁窝里的绝大部分成员无翅，但会定期产生有翅的繁殖蚁，每只蚁有4个几乎一模一样的长翅，会在雨后的夜晚集体出巢，群飞交配，然后建立新的白蚁王国

还是再多看几篇文献吧。宋《桂海虞衡志·志虫鱼》中记载："天虾，状如大飞蚁，秋社后有风雨，则群堕水中。有小翅，人候其堕，掠取之为鲊。"既然"状如大飞蚁"，就说明不是大飞蚁，也就不是白蚁的繁殖蚁了。还有没有更多的形态描述呢？

我发现，宋《岭外代答》里也有天虾的词条："南方有飞虫，有翅如飞蛾，其尾如蟋蟀，色白，身长似小虾然。夏秋之间，晚飞蔽天，堕水，人以长竹竿横江面，使风约之，如萍之聚。早乃棹舟搏取，缕肥肉，合以为鲊，味颇美。"

这段话多了很多宝贵细节。"有翅如飞蛾"说明前翅大、后翅小，即《海错图》所画的那样；"其尾如蟋蟀"说明它有两根或三根细长的尾须；"色白"说明它不是白蚁的繁殖蚁。白蚁只有不会飞的工蚁和兵蚁才是白色的，繁殖蚁是棕黑色的，而且白蚁繁殖蚁的4个翅形状、长度都一样，并不像飞蛾翅，其尾部也没有长尾须。这都说明，《岭外代答》里的天虾不是白蚁。是什么呢？它身长似小虾，夏秋的傍晚飞到空中，而且数量多到"蔽天"的程度，之后纷纷落水，且浮在水面，"如萍之聚"……我恍然大悟：蜉蝣！

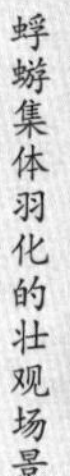

蜉蝣集体羽化的壮观场景

蜉蝣之羽，衣裳楚楚（三）

蜉蝣目是昆虫纲里极为原始的一个类群，但是它的体态却不因原始而蠢笨，相反，我认为蜉蝣比大部分昆虫都要美丽。《诗经》里就有“蜉蝣之羽，衣裳楚楚”来形容这种美。

蜉蝣的成虫身体修长，尾端挂着两根或三根尾须，飞翔时尾须飘摆，如同寿带鸟的尾羽。前翅大，后翅小，展开后确实很像蛾翅轮廓，但比蛾翅轻薄透明。常见的种类一般是令人愉悦的清新浅色调。成虫期的蜉蝣不饮不食，逆光看，腹部空空的，飞起来若有若无，如梦幻泡影。

蜉蝣小时候生活在淡水中，用鳃呼吸，能活一年到数年，然后爬出水面，脱皮变成亚成虫，再脱一次皮变为成虫。此时它们剩余的寿命就很短了，只有几小时或几天，交配后很快就死去，所以古人误以为蜉蝣朝生暮死。为了在短暂的成虫期顺利交配，蜉蝣往往会同时羽化。一条小河，昨天还无事发生，今天傍晚就突然从水里钻出了无数稚虫，脱皮长出翅膀，飞到空中交配。然后，它们把卵产在生养自己的河流中。这期间，无数蜉蝣因体力不支，死在水面上。我的大学老师、研究水生昆虫的王备新先生曾告诉我，南京紫金山流徽榭的湖面就有这种奇观：“夜里在湖边开车，车灯光柱里跟下雪一样。”后来我在西双版纳也有幸得见一次，在罗梭江的一座桥上，密密麻麻落满了蜉蝣，翅纠缠在一起，金黄色的卵块铺了一地。

我在西双版纳罗梭江碰到的蜉蝣集体羽化。无数柔弱的蜉蝣落在地上后难以飞起，纷纷在死前排出黄色的卵块

这些习性，与《岭外代答》的记载完全符合。古人许是看到蜉蝣个体与虾相仿，又纷纷堕于水面，就以为它们又化为了虾。

因误会而入海

四

既然蜉蝣是从淡水中来，又死在淡水，聂璜为什么要说天虾"产海上、入海为虾"呢？原因可能在另外两笔记载里。清《广东新语》记载："天虾，色白，西江多有之，状如蛱蝶。四五月间，从空飞入水化而为虫，黄鱼食之而肥，名黄鱼虫。渔人取其未化者炙食之，云味甘美，或以为虾所化，以其自天，故曰天虾。"聂璜在《海错图》里经常引用《广东新语》的文字，天虾的配文应该也是出自《广东新语》，因为二者几乎完全相同。不同的是，《广东新语》并没说天虾产自大海，只说"渔人"会吃它，可能被聂璜理解为海中的渔人了。

另外，聂璜还可能参考了《古今注·鱼虫》（晋）里的记载："绀蝶（据昆虫学家邹树文考证，绀蝶即蜉蝣）……好以七月群飞暗天。海边夷貊食之，谓海中青虾化为之。"明确说海边的少数民族会吃蜉蝣，并传其是海虾所化。然而，传说归传说，这些海边人吃的蜉蝣，肯定来自沿海的淡水河湖，并非来自大海。聂璜应该是被《广东新语》和《古今注》带歪了，才把天虾和大海联系了起来。

这只蜉蝣正用腹部末端接触水面，向水中产卵

蜉蝣停落时，会高举第一对足，像在祈祷

翻完古籍后，我还在网上搜到一位叫“射石”的网友写的博客《荔波看风景》。里面写道，他在贵州荔波看到一种虫子，拍照后问当地人，有老者说：“这种虫叫天虾。”博客里的照片，果然是一只蜉蝣。看来，至今还有人管蜉蝣叫天虾。

古今证据汇聚，“天虾”可以确认为蜉蝣了。历史学家傅斯年认为，研究历史不能只钻故纸堆，而要把范围放宽到“自地质学以至目下新闻纸”。我深以为然。在考证《海错图》时，现代人的网络记载同样是重要的参考资料，并不低古籍一等，甚至有时比古籍更准确。

如今，中国很少有人吃蜉蝣了。一方面是蜉蝣实在没什么肉，另一方面是大家生活都好了，不缺这一口。可能还有个原因：蜉蝣是对水环境十分敏感的昆虫，一般只生活在非常干净的水里，而如今这样的水体已经相当少见了。现在，云南彝族、傣族、哈尼族还保存着食用蜉蝣的习俗，他们把稚虫称为“老妈妈虫”，成虫称为“米安”。吃法是去翅后炒或炸，或与鸡蛋、鱼虾一起炒。

五 虾化蜻蛉，蝗虫化虾

类似的“虾虫变化”案例，还有《海错图》中的《虾化蜻蛉》。聂璜画了一只青色虾，旁边有个青色的蜻蜓；又画了个红色虾，旁边有个红蜻蜓。意思是每种颜色的蜻蜓，是由相应颜色的虾变成的。

其实虾化蜻蜓的说法实在不该出现，因为蜻蜓的稚虫叫“水虿（音chài）”，生活在淡水里，成熟后就上岸脱壳变为成虫，全程与虾毫无关系。这实在是连小孩子都能观察到的自然现象，古人难道连这点儿观察力都没有？其实有。聂璜发现，汉朝的《淮南子》中有这么一句：“水虿为蟌（音cōng，蜻蜓的别称）。”说明汉朝人早就知道蜻蜓是水虿变的，不是虾变的。而聂璜却把这句理解为“水虿虽不专指虾，而虾为水虫化生，其说已见于淮南子矣”，把水虿和虾混淆起来了。

水虿

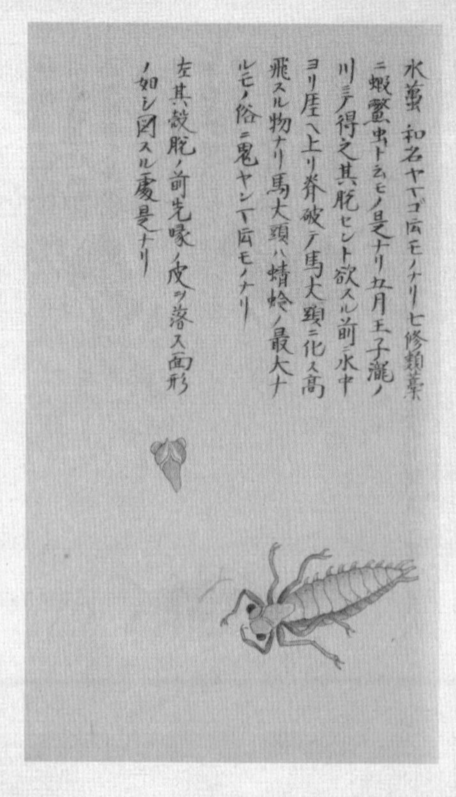

日本江户时代《栗氏虫谱》里的水虿。不但外形描摹准确，还单独画出了它特化的口器。水虿的下唇平时折叠在头下，像面罩一样遮住口部。捕食猎物时，下唇突然伸长，前端的钳子抓住猎物，再缩回口部咀嚼

《虾化蜻蛉》旁，又有一幅《蝗虫化虾》图。聂璜说：“蝗盛之时，农人往往罗之，食亦同虾味。”看来，味道上的相似，使古人认为蝗虫和虾可能是一回事。除此之外，还有更重要的一点：天旱时，河滩露出，成为蝗虫上佳的产卵地，所以蝗虫常在旱灾时大发生，而虾常在涝灾时大发生。聂璜说：“久潦（水灾）未必不多虾，久旱未必不多蝗，天道旱后常多潦，潦后又常多旱。”多灾多难的中国农民，在频繁的天灾中观察到：一片地，闹旱灾时全是蝗虫，发大水时蝗虫没了，虾多了起来，自然得出了“蝗虫化虾”的结论。

一只刚从水虿旧壳里钻出的蜻蜓成虫

第四章 异象

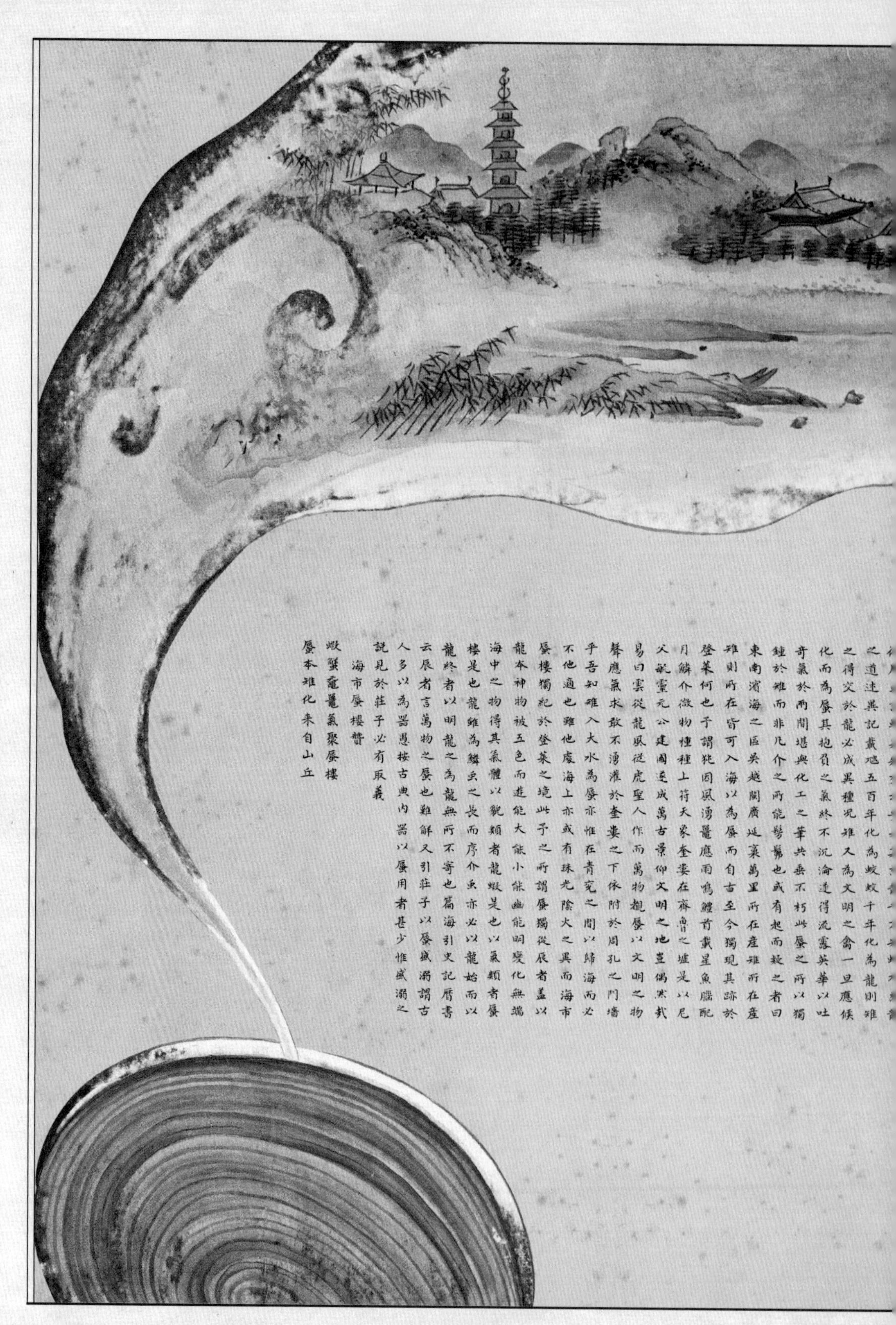

之道述異記載虺五百年化為蛟蛟千年化為龍則雉
之得交於龍必成異種況雉又為文明之禽一旦應候
化而為蜃其抱負之氣終不沉淪遂得流露英華以吐
奇氣於兩間堪輿化工之華共垂不朽此蜃之所以獨
鍾於雉而非凡介之所能髣髴也或有起而疑之者曰
東南濱海之區吳越閩廣延袤萬里所在產雉所在產
雉則所在皆可入海以為蜃而自古至今獨現其跡於
登萊何也予謂牝因風湧鼉應雨鳴鱧首戴星魚腦配
月鱗介微物種種上符天象奎婁在齊魯之墟是以尼
父毓靈元公建國遂成萬古景仰文明之地豈偶然哉
易曰雲從龍風從虎聖人作而萬物覩蜃以文明之物
聲應氣求敢不湧灌於奎婁之下依附於周孔之門墻
乎吾知雉入大水為蜃亦惟在青兖之間以歸海而必
不他適也雖他處海上亦或有珠光陰火之異而海市
蜃樓獨紀於登萊之境此予之所謂蜃獨從辰者蓋以
龍本神物被五色而游能大能小能幽能明變化無端
海中之物得其氣體以貌類者龍蝦是也以氣類者蜃
樓是也龍雖為鱗虫之長而序介虫亦必以龍始而以
龍終者以明龍之為龍無所不寄也篇海引史記曆書
云辰者言萬物之蜃也難解又引莊子以蜃盛溺謂古
人多以為器愚按古典內器以蜃用者甚少惟盛溺之
說見於莊子必有取義
海市蜃樓贊
蝦蟹黿鼉氣聚蜃樓
蜃本雉化来自山丘

【海市蜃楼、雉入大水为蜃】

空中楼阁，蜃气化成

中国人几千年前就观测到了海市蜃楼，可这和野鸡又有什么关系呢？

雉入大水为蜃 一

有一本对中国社会影响颇大的古书，叫《礼记》，据说是由西汉学者戴圣编纂的。他把战国到秦汉之间的礼仪、社会风俗以及自然现象做了总结。

其中“孟冬之月”（冬季第一个月）会发生这样的自然现象：水始冰，地始冻，雉入大水为蜃。就是说，雉鸡会在冬天钻进“大水”，变成蜃（大蛤蜊）。另一本书《尔雅翼》进一步指出，“大水”就是海。

于是，聂璜在《海错图》中画了一只眼神坚毅地步入海中的雉鸡，并解释道：雉鸡是山禽，为何我把它算作海物？因为它会钻进海里变成蜃。这样一来，雉鸡不就和海鸥一样，算是海鸟了吗？最后还挺横地加了句：“何疑？”意思是“有什么好奇怪的？谁不服？”

没人不服，您别激动……

《海错图》里的《雉入大水为蜃》图

聂璜画的雉鸡，在鸟类学里也叫“环颈雉”，是中国最常见的野生雉类。鸟类千千万，凭什么它能变成大蛤蜊？

聂璜是这么分析的：首先，雉鸡不是一般的鸟，是“文明之禽”。自古以来，鸡类就被人赋予“五德”：头戴冠者，文也；足傅距者，武也；敌在前敢斗者，勇也；见食相呼者，仁也；守时不失者，信也。如此厉害的鸟，能变成其他厉害的东西，似乎挺合理。

另外民间传说，蛇能和雉鸡交配产卵，卵遇到雷电就钻进土里，变成蛇形，二三百年后升腾为龙。如果卵没遇到雷，就孵出雉来。聂璜觉得，这种跟隔壁老蛇生下来的雉非同凡响，“必非凡雉，有龙之脉存焉”，化为蜃的一定就是这龙种的雉。

他分析了这么多，其实都没用。现代人都知道，任何一种雉，都不可能变成大蛤蜊。我个人认为，雉入大水为蜃，其实就是另一个不靠谱传说“雀入大水为蛤”的升级版。古人觉得水中众多的小蛤蜊，就像岸边大群的麻雀，于是认为麻雀能变成小蛤蜊。那大蛤蜊是谁变的？估计是比麻雀大的鸟，在常见野鸟里，雉鸡比较大，就选它吧！

虽然我这也不是权威答案，但比聂璜那样瞎猜靠谱点吧。

济南唐冶遗址出土的西周蚌镰。上古初民会用大蚌壳磨成镰状，收割庄稼，这类蚌壳制品被称为『蜃器』

被怀疑的蜃楼论（三）

虽然中国人从来没搞清过“蜃”到底是哪种蛤，但“海市蜃楼”可是真实存在的。无数人亲眼见过，却无法解释，就猜这是蜃吐出的气幻化而成的。

海市蜃楼长啥样？北宋科学家沈括的《梦溪笔谈·异事》有云：“登州海中，时有云气，如宫室、台观、城堞、人物、车马、冠盖，历历可见，谓之海市。”

但是紧接着，沈括接了句：“或曰蛟蜃之气所为，疑不然也。”

由这句话深挖开去，你会发现，“海市是蜃吐气化成”的说法在古代并不被广泛认可，很多古人都对此表示怀疑，并提出了自己的看法。

明代的郎瑛注意到，海市蜃楼总在春夏出现，而且显现的只是普通景色，不是什么仙宫楼阙。所以他认为，出现海市的地方，以前可能是陆地，存在“城郭山林”，后来沧海桑田，这些地方沉入海底。但“春夏之时，地气发生”，水下遗址的影像被地气熏蒸上来，呈现在空中，成为海市。

明代陆容则认为：“所谓海市，大抵皆山川之气掩映日光而成，固非蜃气，亦非神物。”

清代的游艺提出了一个新的角度：水既然可以像镜子一样映照出景物，那么水汽上升后，应该也能在空中映照出景物，所以海市应该是“湿气遥映”出的远方景色。

明代陈霆声称，海市是“阳焰与地气蒸郁”形成的。

这是海市蜃楼的成像示意。它是根据1797年英国学者文斯在英格兰东南部观测到的蜃景绘制的。但这张画把文斯的原始记录进行了夸张，并不严谨。现实中的蜃景不会高出海平面如此之多，也没有这样巨大

明人叶盛则说："海市……大率风水气旋而成。"

这些古人不迷信盲从，根据自己独立的思考提出观点，非常可贵。其中有一些已经非常接近科学事实了。

遗憾的是，在这一点上，聂璜做得非常不好。他把这些新观点斥为"臆说"。在他心中，海市蜃楼就是蜃吐出的气，这是定论，没必要再整出别的幺蛾子。他说："海旁蜃气象楼台，昔人久已明言，无人不解，何必反云风水气漩乎？"

我感觉他是被"雉与蛇交、蜃是龙种"之类的鬼话迷住了。他超级喜欢这些不靠谱的神话，谈到的时候抑制不住内心的兴奋。这从他的行文语气中就能感受到："蜃尤非凡介之比！""雉之得交于龙，必成异种！""蜃……流露英华以吐奇气于两间，堪与化工之笔共垂不朽！""以愚揆之，必有深意！"

是啊，相比之下，"风水气旋而成"的理论多无聊啊。

上现蜃景，下现蜃景

四

然而真理不是以无不无聊决定的。在科学昌明的今天，我们已经知道，海市蜃楼是大气光学现象，所以阳焰、地气、风水气旋等说法更接近真相。

常见的海市蜃楼有两种：上现蜃景和下现蜃景。前者出现在地平线以上，后者出现在地平线以下。

海上出现的，大多是上现蜃景。春夏之交，海水还比较冷，导致它表面的低层空气也冷，但高层已经有暖空气袭来，下冷上热，上下的空气密度不同，使光线发生折射，让远处物体的图像显现在实际位置的上方。于是，我们看到了远在地平线以下、原本看不到的物体。

下现蜃景大多发生在陆地上。天气炎热时，地面被晒得发烫，低层空气很热，但高层空气较冷，和海上正好相反。于是远处物体的图像显现在实际位置的下方，而且是倒立的。旅行者常在沙漠中看到远处有湖水、水中还有沙丘的倒

炎热公路上的下现蜃景。地面上的『积水』其实是天空的倒像。日本人管这叫『逃げ水』，意思是这摊『水』仿佛会逃走，你永远也到不了它的跟前

影，跑过去一看，根本没有水。这就是下现蜃景。那湖水，其实是天空的倒像。沙丘的倒像也呈现在本体的下方，貌似水中的倒影。住在城市的你，不用跑到沙漠，挑个大热天，开车上路，能看到柏油路的尽头仿佛有积水，汽车走在上面还有倒影，这就是下现蜃景。

在海面或者极地，气象条件复杂时，还会出现“复杂蜃景”，就是上现蜃景和下现蜃景的结合。地平线上会出现一堵“光墙”，墙里的景物极其诡异。明人袁可立形容自己见过的海市“高下时翻覆，分合瞬息中”，应该就是复杂蜃景。

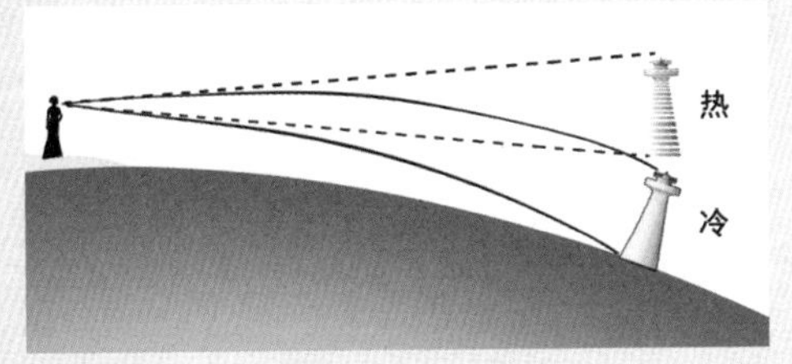

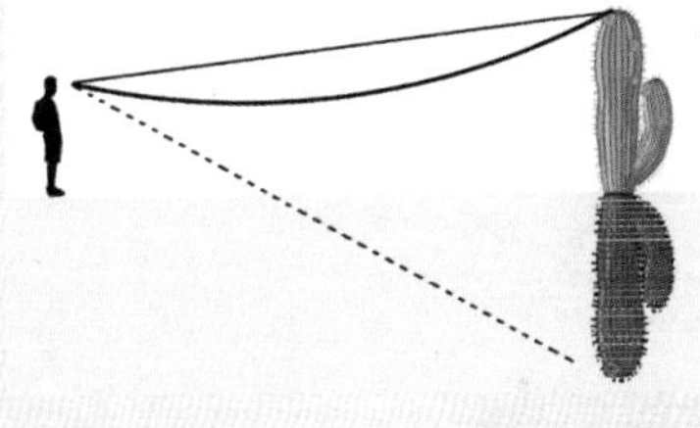

上现蜃景（左）和下现蜃景（右）原理示意

复杂蜃景在英语里叫『Fata Morgana』（女妖摩甘纳），相传是女妖营造出的虚幻影像。这幅画中的女妖正在沙漠中变出绿洲的幻象，迷惑旅行者

复杂蜃景经常会在海面立起一条『光墙』，墙中的景物极度变形。近年有研究认为，泰坦尼克号沉没的原因，就是这种光墙遮挡了远景，使船员没有及时发现冰山

法国布列塔尼地区出现的蜃景。右边和左边时断时连

五 为什么是登州？

从古到今，山东登州（今蓬莱、龙口、烟台一带）一直是目击海市蜃楼最频繁的地方。和“吐鲁番葡萄干”“阳澄湖大闸蟹”一样，“登州海市”成了登州的特产。看海市蜃楼，您就得来登州。再具体点，最好到蓬莱，这里是登州的行政中心，是中国观赏蜃景的唯一胜地。

为什么蜃景在这里如此频繁？聂璜也思考了这个问题，并以他最爱的稀奇古怪的思路解释道：

山东是什么地方？是齐鲁之墟！是周公的封地！是孔子的老家！是万古景仰的文明之地啊！蜃是文明之物，这么有灵性，当然要依附在周公、孔子门下啦。所以变蜃的雉鸡，一定是从山东入海的！

好吧，聂璜作为一名儒生，对先师疯狂地崇拜，可以理解。但真正的答案是什么呢？我觉得有以下几点：

1. 登州在北方，四季分明。春夏之交，气温迅速上

升，为上现蜃景创造了条件。蓬莱更是位于渤海最狭窄的西部——渤海海峡，在望（满月）、朔（新月）前后会出现大潮汐，大潮把冰冷的底层海水卷到水面，使海水表面的空气变冷，而上层空气已经很热了，于是发生上现蜃景。而冬季大潮时正相反，卷上来的底层海水较暖，利于出现下现蜃景。蓬莱市气象局统计过1980—2007年发生在蓬莱北部的18次海市，发现有16次出现在望、朔日前后5日内，占88.9%，足以证明这一点。

2. 如聂璜所说，山东自古是文明之地，人口稠密，目击者多，文化人多，留下的记载也多。一旦被名人记录（苏轼在登州当过5天太守，写过《登州海市》诗），后人就会慕名而来，导致其越来越有名。其实，秦皇岛、宁波、上海金山都出现过蜃景，甚至洞庭湖都多次出现“湖市蜃楼”，可惜它们都没有名人“加持”，无法与登州海市竞争。

3. 在蓬莱的海面上，散布着32个小岛，统称长岛县。它

（明）慎蒙的《观海市记》曾有『山抬头张口，海将市矣』的记载。『山抬头张口』正是『海滋』现象的特点，说明古人已经总结出，海滋往往预示着更大规模的复杂蜃景。这是2008年11月17日，青岛栈桥正南方海面上的竹岔岛、驼岛、大石岛和小石岛发生海滋现象。两边翘起，半悬半浮，即所谓『山抬头张口』

2006年5月7日13：20到14：00，山东蓬莱，八仙渡景区以东海域出现的海市蜃楼，历时40分钟

们离蓬莱很近，在特定的大气条件下，这些平时站在蓬莱岸边就能看到的岛，会悬浮、变形。2002年10月24日，蓬莱北面的大小黑山岛、大竹山岛两头翘起，悬浮于海面之上。岛和岛之间还出现了一串斑点，形状不断变化。渔民称这种平时看得到的景物临时变形的现象为“海滋”。其实，它属于下现蜃景。另外，在蓬莱的北边，正好有一个半岛——辽东半岛伸过来，其尖端是大连。平时从蓬莱望去，大连在海平面以下，看不见。一旦有上现蜃景条件，显示出来的景物会不会就是大连呢？我不敢确定。希望下次蓬莱出现上现蜃景时，有人能辨认一下有没有大连的标志性建筑。

4. 还有一点，我得单拎出来说。绝大多数人对海市蜃楼并不熟悉，只要登州一带出现任何风吹草动，都容易被指认成海市。这种情况在如今愈发明显。我随手搜了10条关于海市蜃楼的新闻：4条是平流雾（贴地的一层雾挡住了高楼底部，露出楼顶）；2条是网友PS的；1条是网友隔着半开的玻璃窗拍外面，玻璃上映出了旁边的景象；1条是海上临时开来了形状奇怪的大型作业船；1条是平时雾霾太严重，今天突然天儿好了显露出远方的景物；只有1条是真的海市蜃楼。

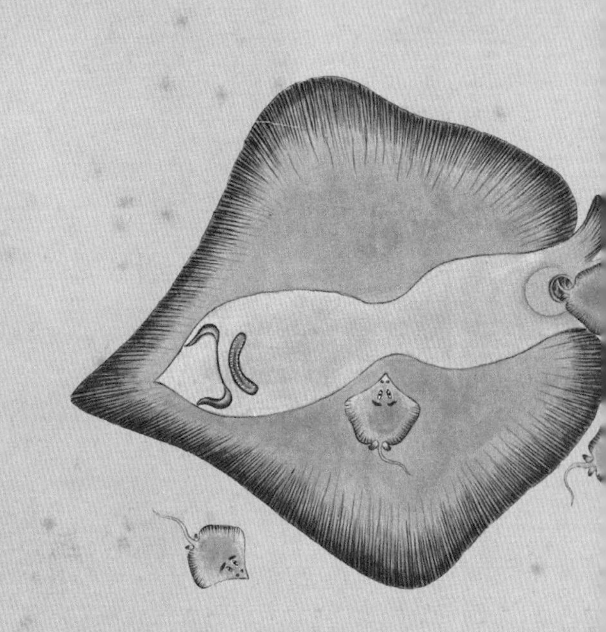

花魦贊
如雞伏雛
似燕翼子
花魦胎生
諸魦類此

【花鲨、魟腹、麻鱼、燕魟】

如鸡伏雏，似燕翼子

鱼基本都是卵生的，但《海错图》里却有两条鱼直接产出了小鱼，这是怎么回事？

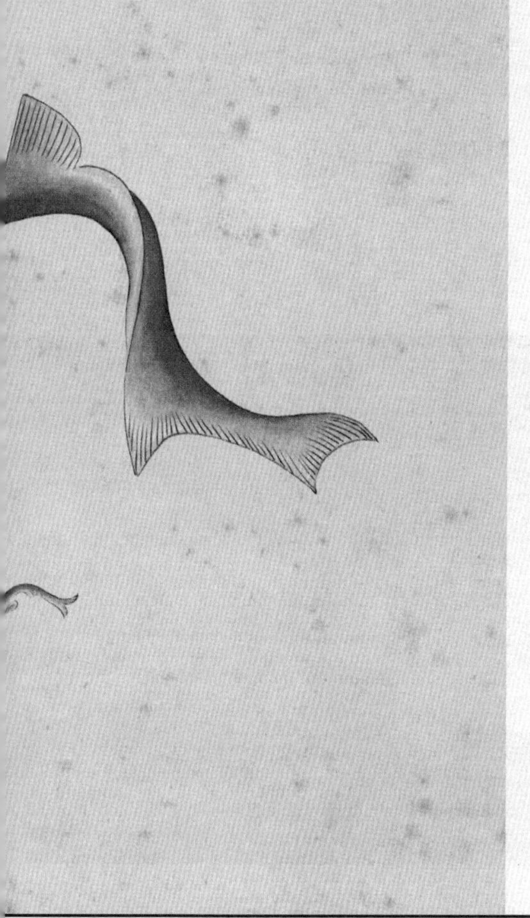

三种生娃法

一

在不少海洋馆里，都有这样的一个展示缸：水中横一根棍子，吊着几个小钱包一样的袋状物。这些袋状物的外皮很薄，透过皮能看到里面有“蛋黄”，有的蛋黄已经变成了一条小鲨鱼。运气好的话，就能看到鲨鱼从里面钻出来。对，这就是鲨鱼的卵。

如果你对鲨鱼有一定了解，可能还听过这种说法：鲨鱼是卵胎生的。就是说它的卵会在母亲体内长成小鲨鱼后再生出来。到底哪个对?

其实，鲨鱼有三种生殖方式：卵生、卵胎生、胎生。

卵生就是海洋馆里展示的那种，虎鲨科、须鲨科、鲸鲨科和猫鲨科是这样的模式。它们的卵很大，一般是长方形的，四角有卷须，可以缠在海藻、石头上，俗称“美人鱼的钱包”。虎鲨的卵更奇特，像个螺旋形的大钻头，适合固定在泥沙、珊瑚之间。

虎鲨的钻头形卵

小斑猫鲨的卵。里面的鲨鱼已成形

在美国佛罗里达州捕获的这条窄头双髻鲨肚子里，有15条幼鲨

卵胎生的鲨鱼，卵在母亲体内发育成仔鱼，每条鱼都挂着一个巨大的卵黄，靠卵黄的营养长大。这其实和小鸡在蛋里发育一样，只不过改在妈妈肚子里了，这样更安全。小鲨鱼生出来时体型就很大了，可以很快开始自主捕食。

胎生的鲨鱼包括皱唇鲨科的灰星鲨、真鲨科和双髻鲨科的大多数种类。它们和卵胎生的区别是：卵胎生胎儿的营养来源是卵黄，而胎生胎儿的营养由母体直接供给。母体的子宫会形成“卵黄囊胎盘”，类似于哺乳动物的胎盘。卵黄囊胎盘伸出一根脐带，联通胎儿，传输营养。

了解了基础知识，再看《海错图》里的这幅“花鲨”图，会更有意思。

一次康熙年间的解剖 二

这幅画里有一条身带白点的大鲨鱼，身旁有几条小鲨鱼，其中一条正从大鲨鱼的后窍（泄殖孔，生孩子和拉屎都走这个孔）钻出来。聂璜曾听海人云：鲨鱼生子，虽然肚里有卵，但仍是胎生。聂璜本来没信，但有一次，他解剖了一条"花鲨"，发现"果有小鲨鱼五头在其腹内，有二绿袋囊之，傍尚有小卵若干。或俟五鱼育则又生也"。

先鉴定一下此鲨。它头尖身长，侧线以上散布白点。翻一下《中国动物志·软骨鱼纲》，只有一种鲨鱼长这样：星鲨属的白斑星鲨（*Mustelus manazo*）。白斑星鲨是卵胎生的，它怀孕时内部是什么样的？我从旧书网上买到一本中国学者著的《鲨和鳐的解剖》，里面以"前鳍星鲨"为例，绘制了多幅解剖图。太好了，前鳍星鲨和白斑星鲨是极近的亲戚，前鳍星鲨的解剖图，约等于白斑星鲨的解剖图。前鳍星鲨有左右两个子宫，即聂璜所述"有二绿袋囊之"。子宫内分几个隔间，每间一只仔鲨。据《中国动物志》，白斑星鲨"每产1～22仔，大多2～6仔"，与"有小鲨鱼五头在其腹内"相符。子宫旁边是卵巢，透过透明的外膜，能看到里面一颗颗黄色的卵黄。当子宫里的仔鲨生出后，这些卵黄会进入子宫继续发育，即"傍尚有小卵若干，或俟五鱼育则又生也"。

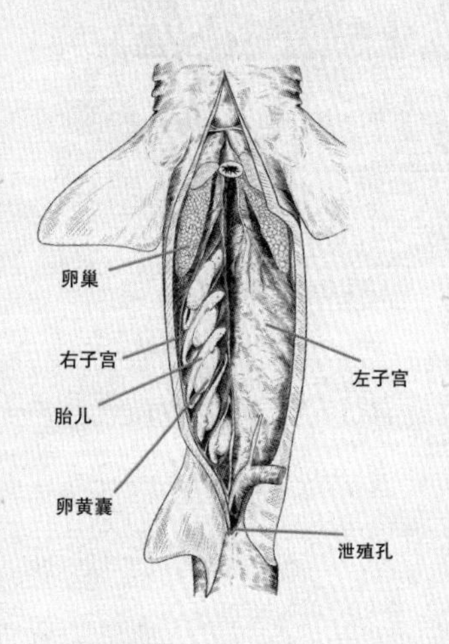

雌性前鳍星鲨解剖图。仿《鲨和鳐的解剖》绘制

聂璜的记述，每一句都完全与现代解剖学、形态学的结果对应，证明聂璜画的就是白斑星鲨，而且他忠实、准确地记录了解剖所见。但是再往后的文字，就值得商榷了。

白斑星鲨

朝出索食，暮入母腹？（三）

聂璜继续写道，他听海人说过另一件事："凡鲨生小鱼，小鱼随其母鱼游泳，夜则入其母腹。故鲨尾间之窍亦可容指。"意思是，鲨鱼生出的宝宝，白天跟着妈妈游泳，晚上还能从生它的泄殖孔钻回妈妈的肚子！雌性鲨鱼的泄殖孔宽得能容下手指，即是证明。聂璜又翻查诸书，也看到了"鲛鲨，其子惊则入母腹"等记载。聂璜一直觉得此事不可思议："鱼在海中，入腹出胎，谁则见之？徒据渔叟之语与载籍所论，终难凭信。"但是当他剖开鲨鱼、看到肚中的5条仔鲨后，终于相信"其理确然"了。

眼见为实，似乎没什么问题。然而聂璜的逻辑链是有问题的。既然聂璜说"予奇此事，每欲与博识者畅论而无由"，那么我作为一个后生，就斗胆与聂老畅论一下。雌性鲨鱼的泄殖孔宽大，是因为仔鲨个体很大，必须有较大的泄殖孔才能生出来，与"仔鲨能返入母腹"并无因果关系。

现代动物行为学显示，不管是卵生、卵胎生还是胎生，雌性鲨鱼把孩子生出来后都不会照顾仔鲨（只有虎鲨会把卵叼到石缝之类的地方藏好，然后离开），仔鲨出生后就要独立生活，根本不会钻回母亲体内，因为母亲早游没影儿了。所谓"朝出索食，暮入母腹"的传说，显然是人们发现母鲨腹内有即将出生的胎儿，把胎儿放进水里还能游泳，而产生的误会。

所以，研究一种动物，除了观察形态，还必须观察其行为，若根据形态臆想行为，就会像聂璜一样得出错误的结论。

腹下的秘密

四

《海错图》里还有一幅和“花鲨”类似的画，叫“魟腹”。画的是一条魟鱼的腹面。聂璜画此画，有两个目的。

第一，是展示魟类的身体结构。聂璜说：“凡黄魟、青魟、锦魟，腹形皆同，其口并在腹下，口之上复有二鳃孔如钩（其实是鼻孔），尾间之孔亦大。其鱼虽扁阔，而肚甚狭促。周身细脆骨绕之，如鲨翅而无筋，亦鲜肉也。”魟鱼看上去是个大扁片，但聂璜发现，其中大部分都是“翅”，质感和鲨鱼的鱼翅类似，围着身体一圈。而真正装着内脏的躯体，只是中间一个窄条。而且，魟的泄殖孔也和鲨鱼的一样宽大。为什么魟和鲨如此相像？因为它们本来就是亲戚，同属于软骨鱼纲板鳃亚纲。你可以把魟鱼看作拍扁了的鲨鱼。再准确一点，魟鱼是把胸鳍极度地扩大，长满一圈，完全包住躯干和头部，所以看上去很扁。

第二，是显示魟的生殖习性。聂璜画了几条从“尾间之孔”钻出来的魟宝宝，说：“凡魟系胎生，青者生青，黄者生黄，一育不过三五枚，以其腹窄，故不多。亦不能如鲨鱼朝出而暮入也。生出即能随母鱼游跃，以栖托于腹背之

从X光照可以看出，魟的躯干和头部全部被胸鳍围了起来

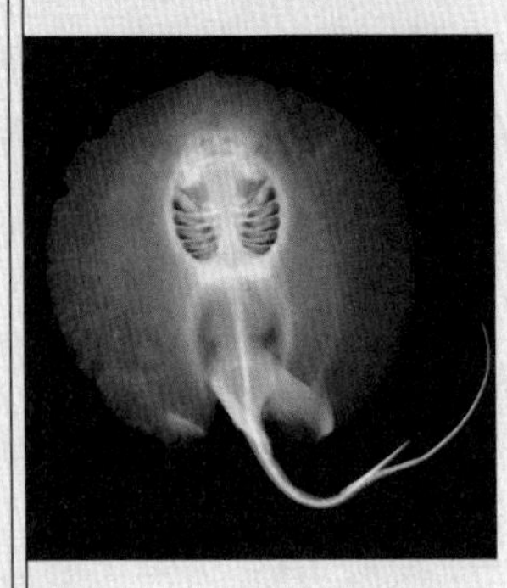

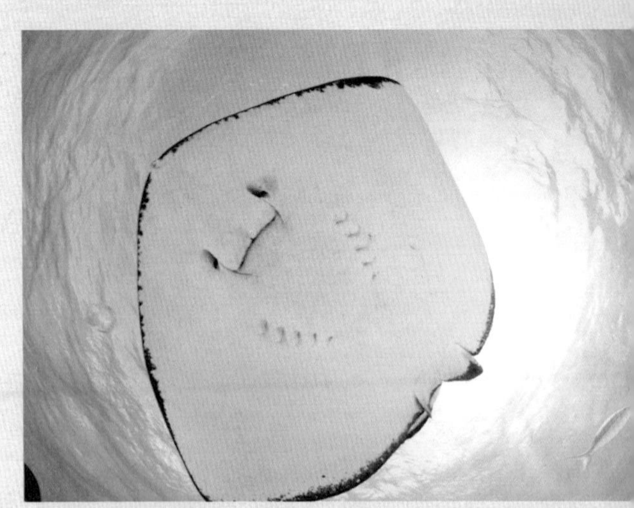

魟的腹面。口前端两个孔是鼻孔，口后面两排孔是鳃裂

间。”这段话我们也来分析一下。

在软骨鱼纲里，长成这种菱形或圆形大扁片的，都属于鳐形总目。在鳐形总目里，有个科叫鳐科，它是卵生的，产出的卵是坚硬的长方形扁囊，四角延长成尖，常被冲到海滩上。和鲨鱼卵一样，鳐科的卵也被称为“美人鱼的钱包”。除了鳐科以外，其他所有鳐形总目的鱼都是卵胎生的。各种魟属于鳐形总目下的鲼目，自然也是卵胎生的。还多了个特点：胎儿在母亲体内时，除了吸收卵黄的营养，母亲还会从子宫壁上长出很多细丝，穿进胎儿的嘴里或喷水孔里，分泌类似乳汁的液体，给孩子加餐。在子宫里喂奶，真真溺爱！所以，聂璜画的这几条小魟，都是在娘胎里喝饱了“奶”才出来的。

聂璜说小魟“不能如鲨鱼朝出而暮入”，这是对的。然而生出来后，它们并不能“随母鱼游跃，栖托于腹背之间”。和鲨鱼一样，魟鱼出生后，也是立刻独立生活的。另外，鳐形总目虽然“腹窄”，但也不是“一育不过三五枚”。一般一胎会产十多个幼仔，少者2～3个，多者几十个。只有蝠鲼才每次只产一仔。

『麻鱼』真相

五

能在娘胎里给孩子喂奶的，除了鲼目，还有电鳐目。电鳐是著名的放电生物，用电来自保或捕食，在中国海域里有9种，但是很少见。有趣的是，《海错图》里竟有一条电鳐。

此鱼被聂璜称为“麻鱼”。他说：“闽海有一种麻鱼，其状：口如鲇，腹白，背有斑，如虎纹，尾拖如魟而有四刺。网中偶得，人以手拿之，即麻木难受，亦名痹鱼。”用手拿着就麻木难受，明显是电鳐在放电。至今，福建渔民还管电鳐叫“花痹”“痹鲂”。然而电鳐的尾巴上并没有4根刺，且鳐形总目的所有鱼都没有长4根刺的。这是为何?

原来，此图并非聂璜根据实物写生，而是根据福建人吴日知的简图所绘。此人每日与渔人相处，见到此鱼，感觉很奇怪，就为聂璜“图述之”。在《海错图》中，凡是这种二手信息，图像都会失真严重。从“背有斑如虎纹”来看，吴日知看到的应该是丁氏双鳍电鳐（*Narcine timlei*）。此电鳐尾部有两个背鳍和一个尾鳍。我猜，也许吴日知观察的个

丁氏双鳍电鳐

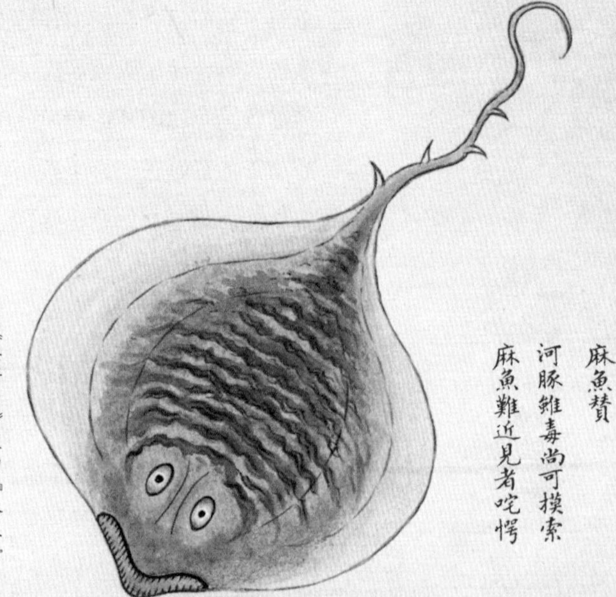

《海错图》里的『麻鱼』

体，这几个鳍破裂，出水后分成四支，便让人误以为是四根刺了；或是他把雄性腹鳍的两个鳍脚（交配时传递精子用）和两个背鳍看成了四根刺。

吴日知为聂璜画过此鱼后，问聂璜："以予所见如此，先生亦有所闻乎？"聂璜说："有。尝阅《西洋怪鱼图》，亦有麻鱼。云其状丑笨，饥则潜于鱼之聚处，凡鱼近其身，则麻木不动，因而啖之。今汝所述，与彼吻合。"《西洋怪鱼图》是当时流入中国的一幅欧洲鱼类手绘，看来，此图也有对电鳐的记载，并且描述了它用电捕食的习性。

《海错图》里的『燕魟』。注曰：『此鱼如燕，其尾亦能螫人。此鱼黑灰色有白点，亦有纯灰者。腹厚而目独生两旁，喙尖出而口隐其下。目上两孔是鳃，甚大，能食蚶。』在中国，长成这样的有两种鱼：花点无刺鲼（*Aetomylaeus maculatus*）和纳氏鹞鲼（*Aetobatus narinari*）。既然『其尾亦能螫人』，那应该是纳氏鹞鲼，因为花点无刺鲼尾部没有尾刺。两眼间突起如喙的，其实是胸鳍前端特化而成的吻鳍。它酷爱吃贝类，甚至能危害贝类养殖，所以聂璜说它『能食蚶』是对的

纳氏鹞鲼会在东海、南海结成大群，在水中『翱翔』。它也是卵胎生的，子宫内分泌『乳汁』为胎儿补充营养

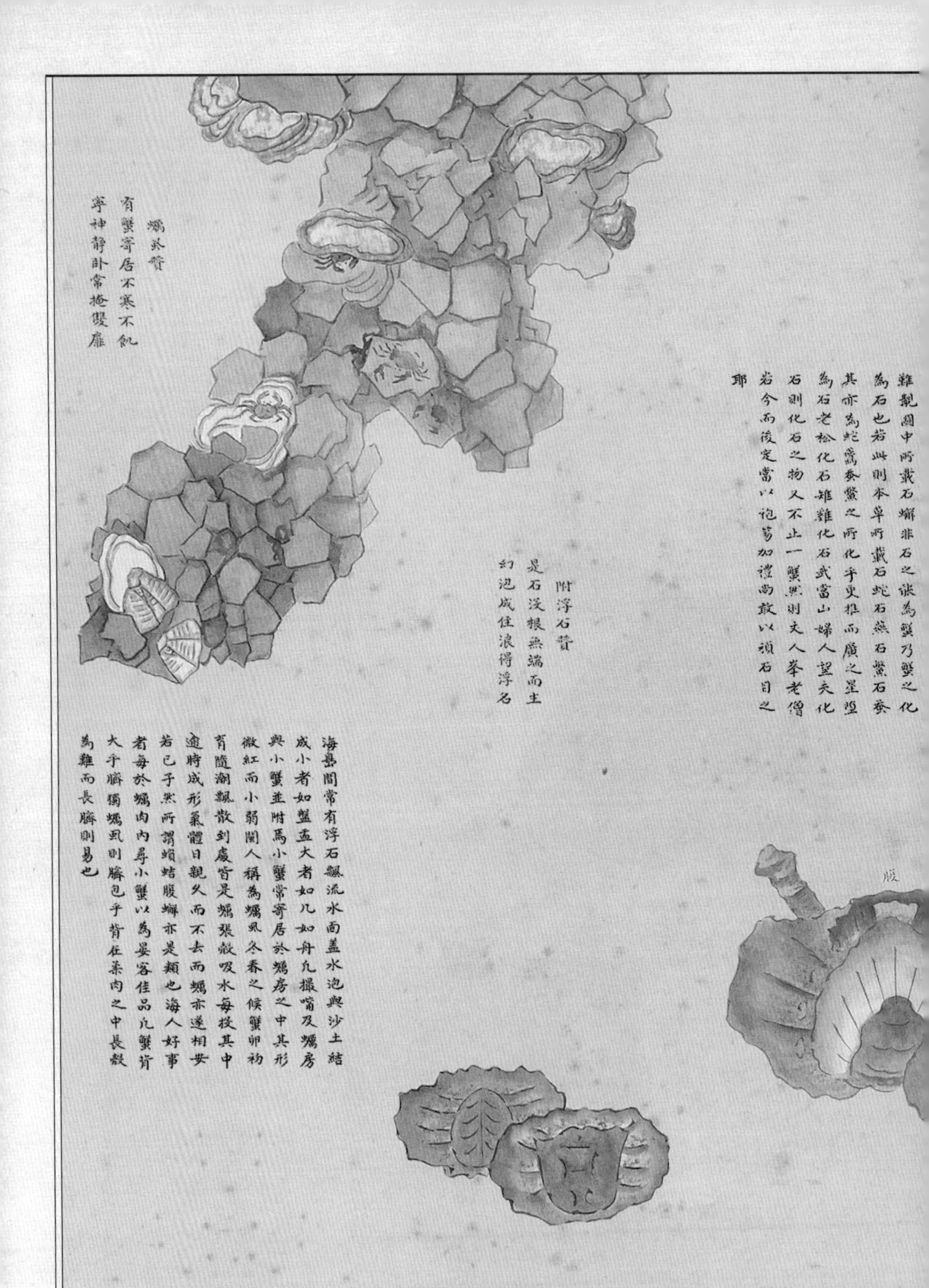
雖靚閩中所載石蠏非石之化為蟹乃蟹之化為石也若此則本草所載石蛇石燕石鱉石蚕其亦為蛇鷰蚕鱉之所化乎更推而廣之星隕為石老松化石雄雞化石武當山婦人望夫化石則化石之物又不止一蟹然則丈人峯老僧若今而後定當以袍笏加禮尚敢以頑石目之耶
腹
附浮石贊
是石没根無端而生
幻泡成住浪得浮名
蠣奴贊
有蟹寄居不寒不飢
寧神靜卧常掩雙扉
海嶴間常有浮石飄流水面蓋水泡與沙土結成小者如盤盂大者如几如舟凡撮嘴及蠣房與小蟹並附焉小蟹常寄居於蠣房之中其形微紅而小弱閩人稱為蠣奴冬春之候蟹卵初育隨潮飄散到處皆是蠣張殼吸水每投其中適時成形氣體日親久而不去而蠣亦遂相安若已子然所謂蛸蛣腹蠏亦是類也海人好事者每於蠣肉內尋小蟹以為晏客佳品凡蟹背大于臍獨蠣奴則臍包乎背任柔肉之中長殼為難而長臍則易也

【附浮石、广东石蟹、蛎虱】

石能浮水，蟹能化石

一个是能漂在海面的石头，一个是能化为石头的螃蟹。它们被聂璜画在了一起。难道它们有某种不为人知的联系？

石蟹之為物也其形則蟹其質則石蟹豈不全但存形體大象剖之仍具殼內脉絡始信非石也蟹也今藥室中多有具形大小橫斜色澤不一譜中所圖亦就予所偶見者寫之按本草註石蟹生南海云是尋常蟹耳年月深久水沫相着因而化成又曰近海州郡多有質體石也而都與蟹相似但有泥與粗石相雜耳顧特珍海槎錄云崖州榆林港內半里許土極細膩性最寒但蟹入則不能運動片時成石人獲之置几案間能明目石蟹性寒細研入藥原能療目然粵東謝友又云應治腫毒何欵蓋毒多發于火

廣東石蟹贊

面壁數年一朝坐脫

軀殼不朽千年如活

其质玲珑，肺之象也 一

藏于台北“故宫博物院”的《海错图》第四册中，有一幅叫《附浮石》的画作。这是一块不规则石头，上面长着藤壶、牡蛎。聂璜在旁边写道：“海岛间常有浮石漂流水面，盖水泡与沙土结成，小者如盘盂，大者如几、如舟。”并作《附浮石赞》一首：

是石没根，
无端而生。
幻泡成住，
浪得浮名。

中国人很早就观察到，有的石头轻而多孔，能浮在水上。人们叫它 “浮石”，拿来入药。南朝的陶弘景说能止咳，唐朝的陈藏器说能止渴，宋代的寇宗奭（音shì）说能化老痰。明朝的李时珍还分析了一下为什么，说因为浮石“其质玲珑，肺之象也”，就是说浮石多孔，长得跟充满小气管、小肺泡的肺似的，所以能治肺的病。不分析还好，一分析反而扯淡了。

火山喷发形成的浮石密布气孔，能浮在水面

宋末元初的俞琰还说过一段话：“肝属木，当浮而反沉。肺属金，当沉而反浮。何也？肝实而肺虚也。故石入水则沉，而南海有浮水之石；木入水则浮，而南海有沉水之香，虚实之反如此。”意思是说，中医里，肝属木，木头是浮于水的，按理说肝也该浮水，但肝反而会沉水。肺属金，金属会沉水，按理说肺也该沉，但肺反而会浮起来。为啥呢？因为肝是实心的，而肺是多孔的。同样的道理，浮石多孔，所以即使它是石头，也能漂浮；沉香木密度大，所以即使它是木头，也能沉水。

后半段话是对的，浮沉和密度有关，前半段就属于硬套五行学说了。照这么说，心还属火呢，怎么不蹭蹭冒火苗子呢？

不止一种海浮石

漂浮于海上的浮石，被称为“海浮石”。它们并不像聂璜说的那样，是水泡与沙土结成的。药铺里的海浮石，其实包含好几种不同的东西。

最正宗的那一种，是真正的石头。它是由火山喷发的岩浆凝结成的，灰白色，主要由二氧化硅组成。这种石头密布小气孔，气孔体积能占整个石块的一半以上，密度极低，浮在水上毫无问题。

为写此文，我在药铺里买来正宗的“海浮石”，往水上一扔，它轻松地漂在水面，并发出“呲——”的声音，那是它的小气孔在吸水。细一端详，原来就是园艺界的“轻石”。我常用它垫在花盆底，让植物根部更透气。

如果去淘宝搜索“海浮石”，会发现另一种东西。它不是火山浮石，而是一种类似珊瑚的东西，石灰质，有很多短短的枝杈。这个东西是什么，各种说法不一。《中国药典》说这是“胞孔科动物脊突苔虫的干燥骨骼”。《中国药用动物志》说这是“胞孔苔虫科、柯氏胞孔苔虫（别名：瘤胞孔苔虫、瘤苔虫）的骨骼”。

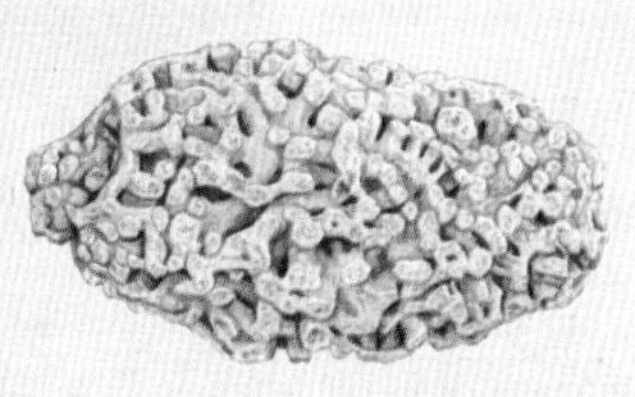

市面上最多的两种海浮石：上为火山浮石，下为苔虫骨骼（或石枝藻）

苔虫属于苔藓动物门。这类小虫附着在礁石、船底上，一长一大片，外观像苔藓一样，也有长成树状、网状的，能分泌出胶质、角质、石灰质的外骨骼。我查了下2008年出版的《中国海洋生物名录》和2001年出版的《中国海洋污损苔虫生物学》，发现分类改动很大。胞孔科现在叫分胞苔虫科。研究苔虫的刘锡兴教授检视了中国科学院海洋研究所的标本，发现在以前所有报告中提到的“柯氏胞孔苔虫（柯氏仿分胞苔虫）”都是错误鉴定，它实际上包含了锯吻仿分胞苔虫和三蕾假分胞苔虫两种动物。而脊突苔虫这个种直接消

一种分胞苔虫的活体

失了，不知道合并到哪个种类里了。

锯吻仿分胞苔虫是中国沿海养殖网箱上危害最大的污损苔虫之一。它们大量生长在网箱上，造成水流不畅，渔民常要清理它们。药铺里的它们，可能就是被清理下来的。

不过，这种海浮石未必都是苔虫。1973年，中国科学院海洋研究所的张德瑞、周锦华二位学者发现，市面上被定为苔虫的海浮石，其实不少是红藻门、珊瑚藻目、珊瑚藻科、石枝藻属的藻类。他们登上盛产此物的山东黄县桑岛，采集标本，用显微镜观察，鉴定出其中主要的种类是太平洋石枝藻。它全身重度钙化，像石头一样，但疏松多孔，干燥后也能浮起来。

这几种苔虫和石枝藻长得都极像，全是鹿角状分支的一大团，我是无力分辨了。

同一个名字的药材，竟有矿物、动物、藻类三类来源，药效怎么可能一样呢？虽然1977年的《中国药典》把火山浮石定名为“浮石”，把苔虫（或石枝藻）定名为“浮海石”以区分，但现实中还是多有混用。

此外，学者抽检各地药铺的海浮石，还发现有少量珊瑚残块、龙介虫分泌的灰管、小贝壳等。这些纯粹不属海浮石范畴，算是伪品了。

浮石筏

㊂

中国的海上，真会像聂璜所说“常有浮石漂流水面”吗？

先说火山浮石。中国海区处在环太平洋火山地震带上，周围的日本列岛、琉球群岛、菲律宾、印度尼西亚都布满了活火山，从古至今多次喷发。当一次大喷发后，大量浮石落在海面，就能形成“pumice raft”（浮石筏）。说是筏，其实是无数浮石组成的巨型浮岛，能在海上漂流很远。

大洋洲汤加王国的火山，就曾在1979年、1984年和2006年造出浮石筏。2006年那次，游艇“麦肯”号误入了浮石筏，惊讶的船员把仿若陆地般的浮石拍摄了下来。2012年8月10日，新西兰皇家海军在新西兰东北海域发现了一个浮石筏，估计面积为26 000平方公里，相当于4个上海市。水面以上的高度，足有60厘米。难怪有生物学家认为，一些动植物可以乘着浮石筏，从一个岛屿去到另一个岛屿。

所以，东南亚、大洋洲的浮石漂到中国沿海，是很有可能的。不过，市面上大部分的海浮石不是真的从海面捞的，矿物类浮石有不少是从火山地区开采的，生物类浮石是渔民在岸边、岛屿、养殖网箱上捡拾或采挖的。

2006年8月10日，由『麦肯』号船员拍摄的浮石筏。中间裂开的区域是『麦肯』号驶过的痕迹

漂浮的星球

四

聂璜说，浮石漂在海上时间长了，常有藤壶和牡蛎附着在上面。在画上，他也表现了这一点。它给浮石写的赞叫《附浮石赞》。在各种典籍中，浮石都没有“附浮石”的别名，这个“附”字，应该是聂璜自己加的，表示浮石上面附着有生物。

海洋漂浮物上确实会附着藤壶和牡蛎。有趣的是，附着物的种类和漂浮物的大小还有关系。大型漂浮物，如轮船的船底，会附着无柄目的藤壶，也就是聂璜在浮石上画的那种。小型漂浮物上则多附着有柄目的藤壶，也就是“茗荷”。2015年7月，印度洋的法属留尼汪岛冲上来一块飞机残片，它来自著名的失踪客机——马航MH370。多日的海上漂流，让它表面附着了很多茗荷。当时，德国科隆大学的专家就试图通过鉴定茗荷的种类，来推测飞机坠落的地点，因为每个海域的茗荷种类都不一样。后来没下文了，估计是没推测出来。

在法属留尼汪岛冲上岸的马航MH370残片。边缘那些碎片状物体就是附着的茗荷

那些“大者如几、如舟”的浮石，从东南亚一路漂到中国时，一定已经布满了附着生物，成了一个小“星球”。

有一点要注意，如果聂璜所画的“浮石”是苔虫或石枝藻，那么上面的附着物很可能并不是在漂浮过程中附着的。因为苔虫、石枝藻本身就是附生生物，它们自己往往就长在牡蛎壳、藤壶壳上，人们在礁石上采挖时，就连牡蛎、藤壶一起挖下来了。整个过程并不用经历漂浮海上的阶段。上文提到的张德瑞、周锦华就是在药铺的石枝藻样品上看到“有的（石枝藻）还附有其原来的附着基质，如牡蛎壳的片段”的。

我在台湾一个被冲上沙滩的浮球上拍到的茗荷

有蟹寄居，名曰蛎虱

五

聂璜在牡蛎中又画了几只小蟹。他说，这种小蟹“常寄居于蛎房之中，其型微红而小弱，闽人称为蛎虱”。这种蟹，聂璜在《海错图》中提过多次，我在《海错图笔记·贰》的《海月》一文中有过介绍。今天我们叫它“豆蟹”。聂璜介绍了此蟹是如何进入牡蛎的：“冬春之候，蟹卵初育，随潮飘散，到处皆是。蛎张壳吸水，每投其中。逾时成形，气体日亲，久而不去，而蛎亦遂相安，若己子然。”基本说得对。豆蟹小时候进入牡蛎的外套膜，分食牡蛎吸进来的食物，还偷吃少量牡蛎肉，牡蛎并不会死，但会营养不良。

聂璜还点出了豆蟹的另一特点：“凡蟹背大于脐，独蛎虱则脐包乎背。”雌性豆蟹的蟹脐确实非常巨大，比背壳还大。因为雌蟹已经演化成一个生育机器，宽大的脐可以抱住繁多的蟹卵。2017年冬天，朋友送我一箱活牡蛎，我从中剖出了雌性豆蟹。它大腹便便，足爪细弱，一看就是从来不锻炼。从半透明的壳中能看到它体内有好多黑色物质。我把豆蟹和牡蛎一起烤熟，那些黑色全变成了红色。原来都是蟹黄，也就是卵巢！

我把豆蟹扔进嘴，虽然不够塞牙缝，但一咬，浓浓的蟹黄味就出来了。难怪聂璜说：“海人好事者，每于蛎肉内寻小蟹，以为宴客佳品。”

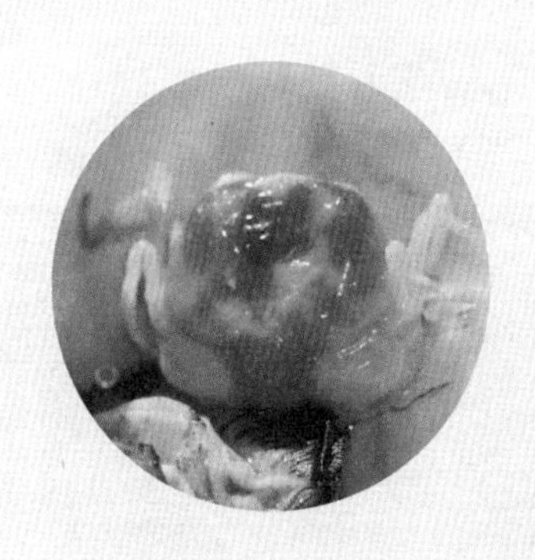

我在牡蛎中发现的豆蟹，体内的黑色蟹黄在被烤熟后，变成了红色

石中有蟹

六

在浮石上，聂璜还画了两只凝固在石块里的小蟹。在旁边，他单把这种石中蟹画成了大图，说这是“石蟹”，“其形则蟹，其质则石。螯足不全，但存形体”。这到底是石头还是螃蟹呢？聂璜把它“大概剖之”，发现内部“仍具壳内脉络，始信非石也，蟹也”。于是他确认：“图中所载石蟹，非石之能为蟹，乃蟹之化为石也。”

没错，这石蟹，就是远古螃蟹的化石。其实浮石里并不会有蟹化石，聂璜为什么在浮石中画上石蟹呢？可能是因为在有些本草书（如《嘉祐本草》）中，浮石是归在“石蟹”词条下面的。这种归类没有道理，浮石和石蟹毫无关系。所以，后来的《本草纲目》又把它拆成了两个词条。

石蟹的成因是什么？《海错图》收录了两种说法。一种是《本草》说的：“石蟹生南海，云是寻常蟹耳。年月深久，水沫相着，因而化成。”第二种是明代顾玠说的：“崖州榆林港（今海南三亚附近）内半里许，土极细，赋性最寒，蟹入则不能运动，片时成石。”

这两个说法都不对。目前发现的蟹化石，基本都是“结核”形态。外面是个大石球，螃蟹是里面的“馅”。这种结

文徵明的玄孙女——明代文俶所绘《金石昆虫草木状》中的『南恩州石蟹』。南恩州正是今天蟹化石的最著名产地——广东阳江

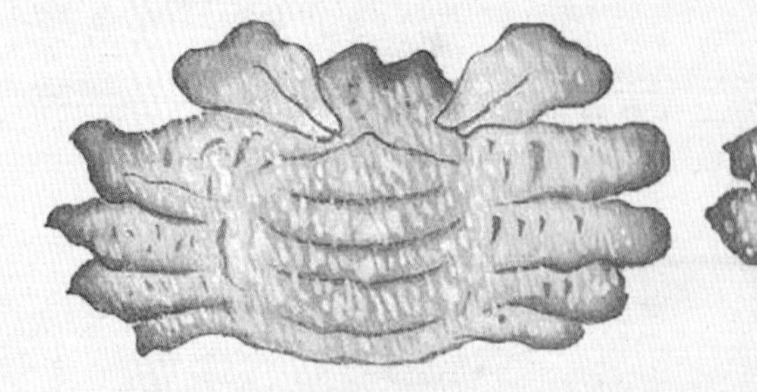

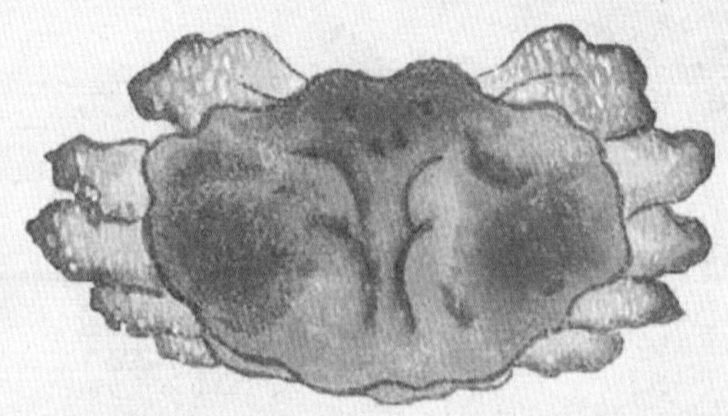

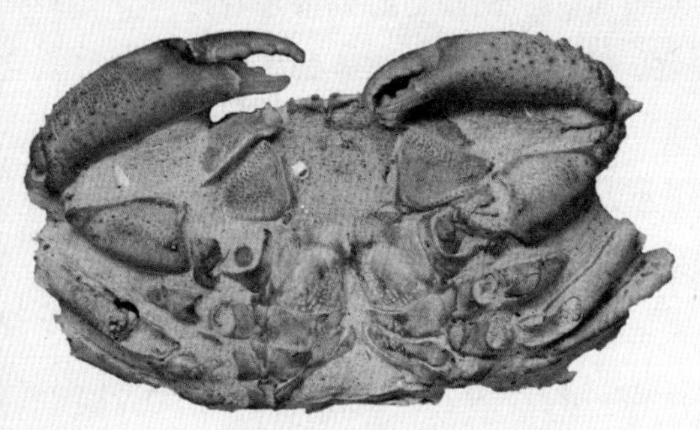
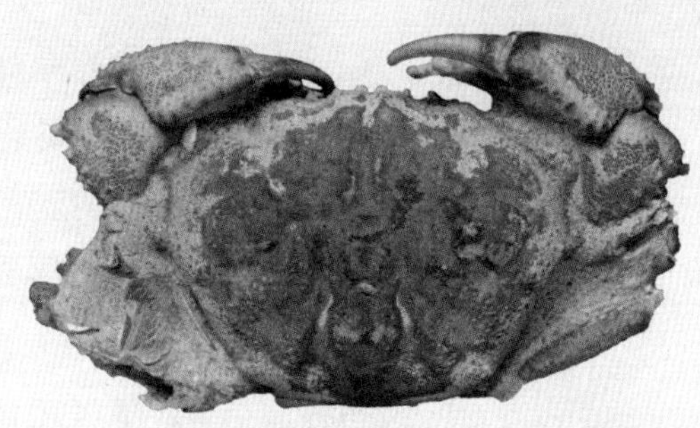

广东阳江的静蟹化石，和聂璜所说『质体石也，而都与蟹相似。但有泥与粗石相杂耳』完全相符。蟹化石往往只有最坚硬的大螯和躯干保存完好，其他足常不全

核化石的成因，是螃蟹死在了细腻的浅海泥巴里，从尸体中释放出的磷酸盐和环境中的物质形成了一层膜。潮起潮落间，膜不断将周围的泥巴粘起来，越来越厚，越来越硬，最后包住了螃蟹，形成了结核。

中国的蟹化石，年代都很晚，大多是更新世或全新世的。全新世是最年轻的地质年代，从11 700年前开始至今，今天的我们依然处在全新世里。所以这些石蟹活着的时候，地形地貌跟现在差不多，在螃蟹们当年牺牲的沿海地区，今天依然是沿海。聂璜说石蟹“近海州郡多有”，是对的。中国的蟹化石主要出在东南沿海的河口泥地、浅滩。前文的顾玠虽然对石蟹成因猜测有误，但他说石蟹产于榆林港内的细土，正是对化石产地的如实描述。

聂璜为石蟹写了一首《广东石蟹赞》：

面壁几年，
一朝坐脱。
躯壳不朽，
千年如活。

称其为“广东石蟹”，说明当时广东是石蟹的著名产地。至今也是如此，湛江、珠海、惠州都有石蟹出产，尤以阳江的品质最棒，结核最硬。蟹的种类，主要是静蟹和青蟹。这两类蟹的个头大，尤其是躯干、大螯的壳特别坚硬，形成化石的概率大。宋代《岭外代答》记载：“海南州军海滨之地生石蟹，躯壳、头足与夫巨螯，宛然蝤蛑之形也。”蝤蛑就是青蟹。聂璜绘制了大小两个石蟹，每个分绘背面和腹面，是按他在药铺中看到的实物写生的。从身体轮廓看，大的那个明显是青蟹，小的则酷似静蟹。

阳江不但产石蟹，连『石皮皮虾』都有。这是化石爱好者白冰洋收藏的阳江虾蛄化石

聂璜虽然准确判断出石蟹是蟹的化石，但他下一步的思路拐到了奇怪的地方。他琢磨，如果石蟹是真蟹所化，“则本草所载石蛇、石燕、石鳖、石蚕，其亦为蛇燕蚕鳖之所化乎？”其实石蛇是蛇螺科贝类的壳，石燕是古代泥盆世腕足动物的化石，石鳖是多板纲的软体动物，石蚕是毛翅目石蛾的幼虫，跟石蟹的成因都不挨着。这还不算，聂璜继续畅想：“更推而广之，星堕为石、老松化石、雉鸡化石、武当山妇人望夫化石，则化石之物，又不止一蟹。”连“望夫石”他都开始怀疑是真的妇人所化了。

最后他说，那些轮廓似人的名胜，什么丈人峰、老僧岩之类，估计也是活的丈人、老僧变的，今后他要恭恭敬敬地对待它们，“定当以袍笏加礼，尚敢以顽石目之耶？”

想太多了，不至于的。

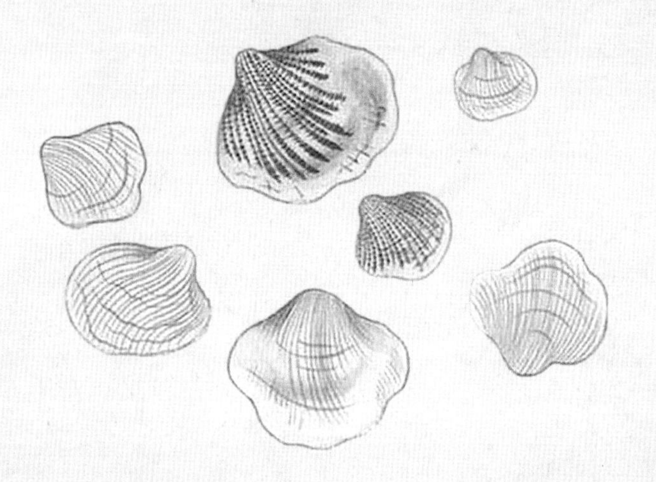

明代文俶所绘《金石昆虫草木状》中的『永州石燕』。石燕是泥盆世的腕足动物门石燕目的化石。此画中所绘的应是石燕目弓形贝科的弓石燕

鹿鯊或即是化鹿之魚乎詢之漁人漁人不知也但
云鹿識水性常能成羣過海此島過入彼島角鹿頭
上頂草諸鹿藉以為粮至於鹿魚雖有其名網中從
未羅得又焉知其能化鹿乎予考彙苑云鹿魚頭上
有角如鹿又曰鹿子魚顏色尾鬣皆有鹿斑赤黄色
南海中有洲每春夏此魚跳上洲化為鹿據書云在
南海宜乎閩人之所不及見也考字彙魚部有鹿字
為魚中之鹿存名也
鹿魚化鹿賛
魚魚鹿鹿兩般名目
網則可漏黍林中逐

【鹿鱼化鹿、虎鲨、鲨变虎、蝙蝠化魁蛤】

以鱼幻兽，鳞毛相通

鱼能变鹿？鲨能变虎？在《海错图》中，一切皆有可能。

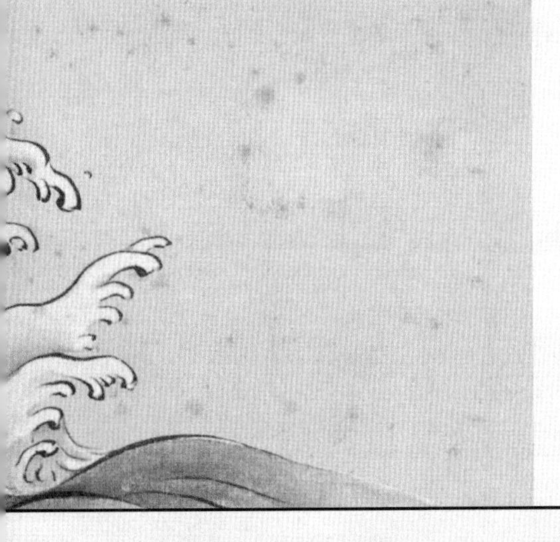

鱼变鹿？游泳鹿？（一）

在中国古代，有一种被广为接受的学说，叫“化生说”。这个学说认为，一种生物可以变成另一种生物。和欧洲的“神创论”相比，化生说是有其进步之处的，它承认生物是在不断发展变化的，而不是被上帝创造之后就一成不变。很多化生说的具体案例也是从中国人对现实的观察得来的，虽然未必符合现代科学，但颇具研究趣味。

聂璜就是一位化生说的忠实信徒，他在《海错图》里记录了很多化生案例，“鹿鱼化鹿”就是其中一个。

在这幅图里，一条长着鹿头、鹿斑的鱼从海里探出头来，和一只梅花鹿对视。聂璜说：“海洋岛屿，唯鹿最多，不尽鱼化也。”海岛上往往有很多鹿，它们是怎么来到岛上的？难道是鱼变的吗？

聂璜看到《汇苑》里记载了一种鹿鱼，“头上有角如鹿。又曰：鹿子鱼，赪色（注：浅红色），尾鬣皆有鹿斑，赤黄色。南海中有洲，每春夏此鱼跳上洲化为鹿”。岛上的鹿是这种鱼变的？聂璜不敢确定，于是去问渔人，渔人也不知。但告诉聂璜：“鹿识水性，常能成群过海，此岛过入彼岛。角鹿头上顶草，诸鹿借以为粮。”按这种说法，用不着鱼来变，鹿自己就能跨海游泳，从大陆扩散到岛上。这是真的吗？

《海错图》里的『蝙蝠化魁蛤』。聂璜听闻，鼠之老者能化为蝙蝠，然后躲入岩谷，永生不死。但他又见《图经》说，老蝙蝠能化为魁蛤，就猜测可能有些蝙蝠厌倦了山谷，就下海变蛤了。他还说，世间其他物种都只变一次，唯有老鼠变而又变，可能跟老鼠多疑善变有关

更新世往事 ㈡

其实按现在的知识来看，海岛上鹿多并不奇怪。鹿是东亚食草动物里的优势类群，数量本来就多。更新世早期，由于地壳抬升、气候变冷，曾发生过大规模的海退，东亚近海海底纷纷成为陆地，原本的岛屿成了大陆上的一个个小山包。比如当时台湾海峡的海底就露出了水面，使台湾与大陆相连。众多动物以及早期人类就趁这个机会，到了台湾定居。今天梅花鹿的台湾亚种，就是那时从大陆过去的。之后，又发生过多次海侵和海退，鹿群在海退时来到近海岛屿，海侵后就被困在了岛上。但是古人并不知道这些，以为它们是“鹿鱼”变的，或是从大陆游泳过去的。

麋鹿是中国独有的鹿种，又称『四不像』。清末在中国灭绝，其中18头在灭绝前被运到欧洲，在英国乌邦寺的庄园里繁衍。20世纪80年代后，中国将麋鹿重新引入北京南海子、江苏大丰和湖北石首等地，截至2018年，已经扩展到7000余头，是世界濒危动物保护的经典案例

2018年，江苏大丰麋鹿保护区的麋鹿群。麋鹿在中国中部、东部的河湖湿地曾非常繁盛。西晋《博物志》记载，海陵县（今江苏泰州）的麋鹿『千万为群』，取食过的地方草根全被吃净，泥土翻出。农民可以直接在上面不耕而种。汉语里有个词『麋集』，形容人多得像群集的麋鹿，可见麋鹿曾经的密度之大

渡海的鹿 (三)

不过这两个误解倒未必完全无据。拿鹿成群过海这点来说，古籍多有记载。清初顾道含记载：“蓼角嘴入海，亘南北三四百里……有鹿群以数百来游，浮海来去，大角鹿载草，群众就食，泛潮如鸥鸟。”清乾隆《州乘一览》记载：“廖家嘴，一名料角嘴，在州东吕四场（今江苏启东市吕四港）……遇晴明，渔人每见海岛中麋鹿浮水至，衔其草，缠至角上而去。”清嘉庆《海曲拾遗》记载：“麋鹿喜沼泽，亦善济水。里老云：每见北堤外有越海来者，非耸肩泅于波面，即昂首抱足仰卧，乘流而渡，两角载海藻为裹粮，逢洲沚可憩，即捎下食之。”和聂璜采访的渔民所述几乎一模一样。

鹿会游泳，并不奇怪。鹿科里不少成员都很会游泳。具体到《海错图》中这种渡海的鹿，很可能不是聂璜所画的梅花鹿，而是麋鹿（四不像）。这不仅因为前文有两条记载明确指出渡海者为麋鹿，还因为梅花鹿多生活在山中，几乎不去海边。而麋鹿却是喜欢平原和海涂的。麋鹿是一种酷爱湿地的鹿，居住地必须宽阔平坦，有较大的水体。古时中国江浙的海边湿地，曾有大量麋鹿生活。麋鹿的蹄子宽大而能分开，主蹄

趾间有发达的皮腱膜，踩在地上压强较小，不会陷入泥中，也利于游泳。聂璜所在的福建和清朝书籍中鹿渡海的吕四，都属于华东沿海，是麋鹿自古以来的重要分布区。

湖北石首麋鹿国家级自然保护区，由于紧临长江，雨季时常洪水泛滥。人们因此观察到不少麋鹿游泳的案例。1998年春天，有11头麋鹿竟然横渡了长江，到了湖南华容县境内。保护区人员记录其游泳姿态："头向上，躯干在水里，尾巴翘起，速度比牛快得多。"1995年，一头麋鹿幼崽出生才半天就下水游泳，且未见母鹿保护。

看来麋鹿游泳能力很强。那么，如果海岛离大陆不远，海水又正好退潮较浅的话，麋鹿渡海往来岛屿间，也不是全无可能。但目前麋鹿大部分都在保护区里，野外只有零星的放归个体，科学家尚未观察到它们有渡海现象。参与建立江苏大丰麋鹿保护区的学者曹克清对此很感兴趣，曾说："（古籍中的）麋鹿如此亲近大海，是被动还是主动？等麋鹿大量野放后，就有希望直接观察到并得出结论。"

北京南海子麋鹿苑的一只雄性麋鹿，角上挂着草用来炫耀

那么，雄鹿游泳时角上顶草、群鹿借以为粮的传说是真的吗？雄鹿确实常会把草顶在角上。2017年，我在美国的俄勒冈州就见过一只加拿大马鹿不断用角把地上的草挑起来，兴奋地吼叫。中国的麋鹿也会这样做。北京南海子麋鹿苑的郭耕老师告诉我，这种行为叫“挑草”，是公鹿发情时的一种炫耀行为，强壮的公鹿在繁殖期往往顶着一大坨的草。所以，就算渡海时鹿角上真的顶着草或海藻，也应该是在岸上炫耀时挂上去的或游泳时无意缠上去的，不是为了主动携带旅途中的口粮。

2017年，我在美国的俄勒冈州，看到一只加拿大马鹿把地上的草顶到角上

化鹿之鱼

四

能化为鹿的鹿鱼，古籍中也多有记载。《海物异名记》记载："芒角持戴在鼻，小者腌为鲊，味甚佳；大者长五六寸许，其皮可以角错，亦谓之鹿角鱼。"有现代学者认为说的是角箱鲀，但角箱鲀眼上只有两个尖角，不分叉，说是鹿角实在牵强。还有一种"鹿鲨"倒是更易找到原型。万历《雷州府志》记载："鹿沙：如犁头，背斑文如鹿。"犁头指的是犁头鳐（古人常将其与鲨鱼混淆），如果又像犁头鳐，背上又有斑的话，可能是斑纹犁头鳐、圆犁头鳐或者尖犁头鳐属的鱼类。鲨鱼里也有豹纹鲨、条纹斑竹鲨等种类长满鹿纹。正是它们的斑纹，使人把它们和鹿联系在了一起。

角箱鲀的眼上有两根角，但并不分叉。说它是传说中的鹿鱼，实在牵强

台湾市场上的圆犁头鳐。符合『如犁头，背斑文，如鹿』的记载，可能是古籍中所载的『鹿鲨』

虎鲨化虎

五

清代《岭南风物记》曰："海南沙鱼，暑天上沙滩，滚跌逾时，即变虎、鹿二种。其变虎者，顶无王字，行不能速。其变鹿者，角无锋棱。"原来，在信奉"化生说"的古人眼中，鲨鱼不但能变鹿，还能变虎。聂璜也记载了一起鲨变虎的案例，是康熙二十年（1682年），福宁州城守黄抡所述。

黄抡说，他的先人在明嘉靖年间，一日经过嘉兴某处海涂，"忽见有一大鱼跃上崖，野人欲捕之，以其大，难以徒手得，方欲走农舍取锄棍等物，而此鱼在岸跌跃无休。逾时，诸人执器械往观之，则变成一虎状，毛足不全，滚于地不能行，莫不惊异"。大家怕它的脚长全了就会伤人，赶快"以锄棍木石击杀之"。聂璜画了一只仰面朝天的老虎，四足为鳍状，正合此事描述。

聂璜听说过很多人化为虎的事情："宣城太守封邵化虎食郡民；又乾道五年赵生妻病头风，忽化为虎头；又云南彝民夫妇食竹中鱼，皆化为虎。"他认为，既然人都能变成虎，那么鲨鱼化虎也没什么奇怪的了。他又听说，赤练蛇可以化为鳖，变化的方法是"自树上团为圆体，坠下地跌数十次成鳖形，其变全在跌"。嘉靖时那起事件，鲨鱼也是在岸上跌跃时逐渐变为虎的。所以聂璜认为，"跌"是变化的必要步骤，"鲨之变虎也亦必跌，可以互相引证"。

《海错图》里的『鲨变虎』图

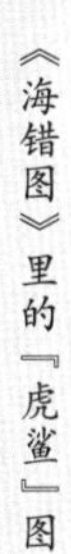

《海错图》里的『虎鲨』图

无所不食，诸鱼咸畏 六

这种能变虎的鲨鱼长什么样呢？聂璜又单画了一幅“虎鲨”的图。这条鲨鱼非常巨大，在《海错图》中是一张跨页的大图。口大如盆，里面的牙长了好几层。他援引《汇苑》的记载：“海鲨，虎头，体黑纹，鳖足，巨者重二百斤。尝以春晦陟于海山之麓，旬日而化为虎。唯四足难化，经月乃成。或谓虎纹直而疏且长者，海鲨所化也；纹短而炳炳成章者，此本色虎也。”但这张虎鲨图并非纯依据《汇苑》的记载所画，而是聂璜参考真实鲨鱼画的。因为他写道：“验止有翅而无鳖足状，《汇苑》不知何所据也。”说明他观察过鲨鱼实体，发现其鱼鳍为翅状，而非鳖足状，从而对《汇苑》的记载产生了怀疑。

聂璜又写：“海鲨多潜东南深水海洋，身同鲨鱼而粗肥，头绝类虎，而口尤肖……口内有长牙四，类虎门牙，其余小齿满口上下凡四五重……海人云：虎鲨在海，无所不食，诸鱼咸畏。其牙至利，舟人或就海水濯足，每受虎鲨之害。”“小齿满口上下凡四五重”，是很多鲨鱼的共同特点，它们有好几层牙，旧牙掉了，新牙就前移补上。“有长牙四，类虎门牙”则是不实描述，鲨鱼并没有牙形的分化，聂璜在画里也没画出这一点，看来是观察过实物后并未采信。

居氏鼬鲨的英文名是「tiger shark」，常被国内译者直译为「虎鲨」。其实鱼类学里的虎鲨是一类低调、温和的小鲨鱼，不是这种。居氏鼬鲨身披浅浅的虎纹，身体粗壮有力，牙齿能把海龟壳咬碎，是最常袭击人的鲨鱼之一，危险度与噬人鲨（大白鲨）不相上下

噬人鲨就是著名的『大白鲨』，在中国海里有分布

从剩下的有用信息看来，这是一种比一般鲨鱼更粗壮的鲨，嘴又大，牙又多，而且时常伤人，连在海水里洗脚都容易被它咬到。如果《汇苑》里“体黑纹”的记载为真，那么这种鲨鱼应该就是居氏鼬鲨了。它在中国从黄海到南海都有，体长3～5米，身体粗壮，体侧有纵条纹，酷似虎纹，因此在英语里叫tiger shark。居氏鼬鲨正是“无所不食，诸鱼咸畏”，鱼、海龟、海鸟，什么都吃，有许多血淋淋的伤人记录。巨大的身体、身披虎纹、口大牙多、常常伤人，可以说完美匹配传说中的“虎鲨”。

如果“体黑纹”不是必要条件，那么噬人鲨（大白鲨）在中国海里也有，也是化虎之鲨的可能原型。

閩中有一種小魚蝦晦夜
有光如螢而南海之鱟蠏
等夜閒在海灘一一皆有
一火漁人每取一火則得
一鱟蠏之屬蓋海中實有
火也屈翁山新語云海中
夜行撥棹則火花噴射故
元徵之送客遊嶺詩有曙
朝霞睒睒海火夜燐燐之
句

鱟蠏龜鱉螺蚌蚶蛤魚蝦負火贊
南離炎海火沸狂瀾
鱗介樂浴冬不知寒

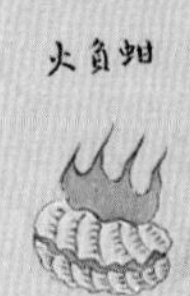

【鲎蟹龟鳖螺蚌蚶蛤鱼虾负火】

鳞介浴火，冬不知寒

每个海洋生物身上，都背着一团火，而且这火在海水中也不会熄灭。它们是招惹了什么神火？

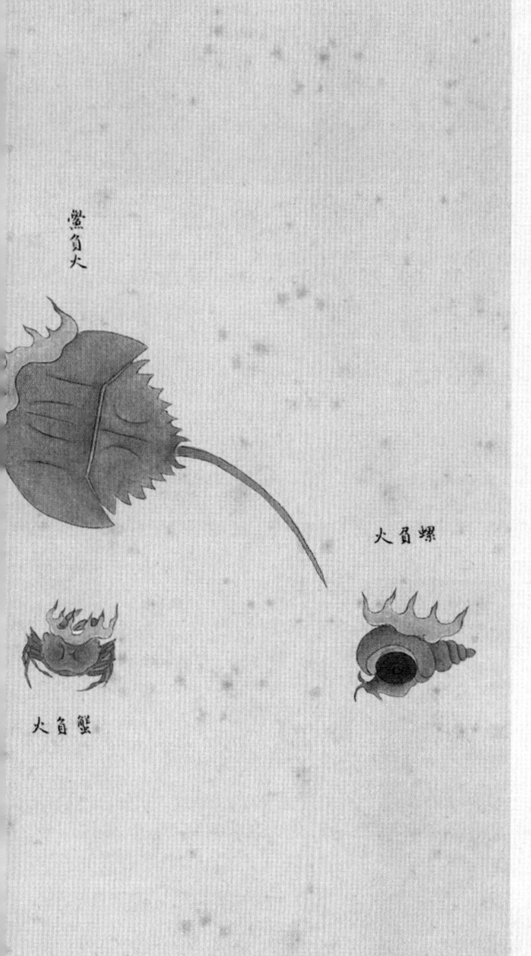

渔人每取一火，则得一鲎蟹

一

如果要评选《海错图》中“最诡异的画”，这幅画应该排进前三名。首先这幅画的名字是全书所有画里最长的，叫“鲎蟹龟鳖螺蚌蚶蛤鱼虾负火”。画中有各种海洋小生物，每只背上都燃着一股火焰。聂璜解释：“闽中有一种小鱼虾，晦夜有光如萤。而南海之鲎蟹等，夜间在海滩，一一皆有一火。渔人每取一火，则得一鲎蟹之属。盖海中实有火也。屈翁山《新语》云：‘海中夜行拨棹，则火花喷射。’”

这段话其实大部分是从另一本书里抄的。哪本书？就是那个“屈翁山《新语》”，它全名是《广东新语》。作者屈大均，字翁山，康熙三十五年（1696年）去世，《海错图》是康熙三十七年（1698年）成书，所以屈大均和聂璜是同一时代的。屈大均早年参与反清活动，失败后专心研究广东方物，写成《广东新语》，记载了大量广东的地理、生物、文化信息。按屈大均的说法，夜里的海滩，各种小生物都会发出如萤似火的光，渔民夜里赶海，奔着有光处去，就可抓到海货。而且夜里在海中划船，船桨还会把海水拨弄得“火花喷射”。这是真的吗？

2018年5月12日，大连出现的荧光海。在海浪冲击最猛的礁石边缘，发光最明显

是真的。这就是海中的生物发光现象。从聂璜几乎全文照抄《广东新语》来看，他没有亲眼见过这种现象，所以画得比较夸张。其实真实情况下，生物通常会发出幽幽的蓝光或绿光，并不会产生火焰。

我们先说说“海中夜行拨棹，则火花喷射”。拨棹会产生火花，说明海水受到扰动才会发光。在中国大连、舟山等地，会季节性地出现一种奇景：有些海域在夜晚会变成“荧光海”，只要海浪拍击或者船桨、手拨弄水面，海水就会发出蓝光。这是因为水里有夜光藻（*Noctiluca scintillans*），它们在受到刺激时会发出蓝色的荧光。

夜光藻的光，有时发蓝，有时发绿。我曾经目睹过一次。那是大学的毕业旅行，大家来到山东日照的一个海滨旅馆。晚上，我独自走到沙滩上，望着漆黑的大海，突然发现，远处每出现一个大浪，浪花处就冒出绿光，好像马上要钻出个怪兽一样。我虽然知道那是夜光藻，但深夜独自看到这奇景，还是汗毛直竖。赶快回去叫同学们一起出来看，心情才平静下来。

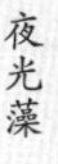

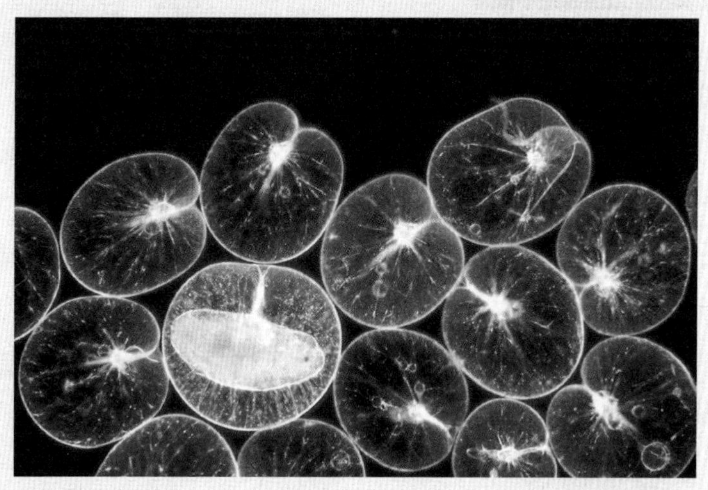

夜光藻

马尔代夫vaadhoo岛的荧光海，与星空交相辉映。水中有明显的发光颗粒，且在沙滩上还会持续发光，可能是海萤。马尔代夫还有一种『多边舌甲藻』也会造出荧光海

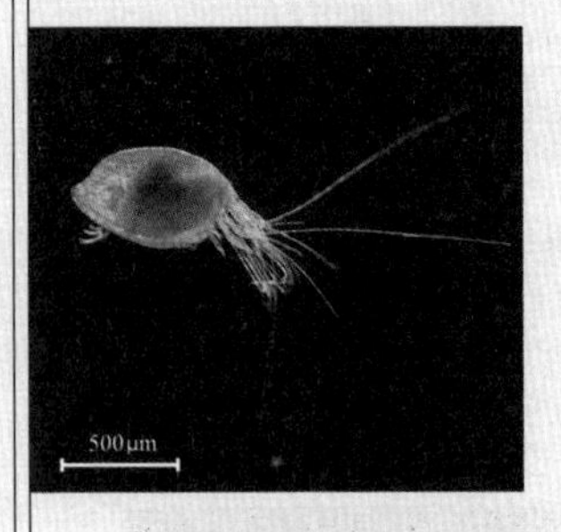

厦门大学的曾千慧在福建平潭采集的海萤

夜光藻虽然晚上很好看，但白天就是另一番景象了。在它大量聚集的海域，水面会变成红色，即所谓“赤潮”。赤潮往往在水质被污染、水体富营养化时发生，会引发鱼虾窒息的灾难。鱼虾尸体产生的毒素，又会累积在贝类体内。赤潮爆发的时候，沿海都会发布警示，让市民慎食贝类。所以，夜光藻引发的荧光海，未必浪漫。

福建平潭也是荧光海的著名观赏地。这里除了夜光藻，还有一种相似的奇观——蓝眼泪。远看，海滨也是一片蓝光，但细看就会发现，发光的是水中一粒粒的卵形小生物，比夜光藻要大许多，有芝麻大小。它们是节肢动物门介形纲的海萤。厦门大学做鲸类研究的曾千慧女士，去平潭采集过海萤样本。她告诉我，海萤也是受到刺激后才发光，但和夜光藻不同的是，海萤在刺激停止后还会继续亮很久。在布满海萤的沙滩上走过，就会留下一串冒着蓝光的脚印。

主动发光和被迫发光

（三）

海水发光的问题解决了，那各种海洋生物“负火”又是怎么回事?

像鲎、蟹、龟这些生物，目前科学界没有发现它们有发光现象。可能是它们在沿岸活动时，扰动了海水中的发光藻类，于是身体周围就发出光来了。清代渔人就是根据这些光，抓到了倒霉的它们。

有的虾会受到发光细菌的感染。养殖海虾的渔户，要留神一种发光弧菌。一旦它进入虾体内，虾就会发光，不久就会死去。我还在淡水中发现过类似的情况。有一次，我买了一批锯齿新米虾（即溪流中常见的小河虾、黑壳虾）在水草缸里养着玩。半夜上厕所时，发现有几只虾竟然全身发出蓝光。几天后这几只虾就死了，应该是感染了某种淡水发光细菌。

我购买的锯齿新米虾中，有几只身带荧光。夜里放在桌面上，可照出倒影

除了这些被迫发光的案例，剩下的都是主动发光的了。日本海有一种萤乌贼（*Watasenia scintillans*），每年春季都会在日本富山湾聚集交配，形成一种别致的荧光海滩。它们的第4对腕足尖端有大发光器，能吸引猎物，全身还遍布小发光器，可以让自己隐藏在斑驳的波光中，躲避天敌。近岸有一类常见的小鱼——鲾（音bī）鱼。在有些鲾鱼体内共生着

萤乌贼浑身布满发光器，黑夜中会发光

一种鲾鱼发光杆菌（*Photobacterium leiognathi*），它们在鱼肚子里发光，为鲾鱼提供伪装。这光还能作为雌雄鲾鱼的辨别特征。蓝鲸爱吃的磷虾，也以能发光出名。有些磷虾在遇到危险时，还会把发光的部位抛出去，来转移天敌的视线。澳大利亚有一种黄平轴螺（*Hinea brasiliana*），在螺壳开口附近能发光，而且这束光能均匀散射，让整个螺壳都发出绿色的光。当天敌攻击它时，螺壳会飞快闪光，这似乎也是一种御敌方式。

至于那些发光的水母、深海鱼，大家应该都在纪录片里看过，我就不介绍了。

一幅介绍海中各种发光生物的老插画

磷虾是很多海洋生物的重要食物。它名字里的『磷』，指的是其可以发出磷火一样的光

聂璜并没有说明这些生物发光的原因。但屈大均在《广东新语》里用阴阳五行解释了一番："盖海族多生于咸。咸，火之渣滓也。海族得水之清虚者十之三四，得火之渣滓者十之五六。介之类属离，离为火。鲎蟹者，火之渣滓所生者也。"

这段话我就不翻译了，大家知道是瞎说就可以了。海洋生物为什么要发光，其实无非吓阻天敌、互相交流、引诱猎物、繁殖求偶之类。目前，科学家已经探明的生物发光机制分为两种：

1. 荧光素—荧光素酶系统。荧光素和荧光素酶平时各自不发光，在受到刺激时，荧光素会在荧光素酶的帮助下，被氧气、过氧化氢等氧化，这时它富含很多能量，再把大部分能量以光的形式释放出去，全过程几乎不产生热量，所以"负火"不是真的着火，发光生物不会被光烫伤。这是大部分发光生物采用的机制。

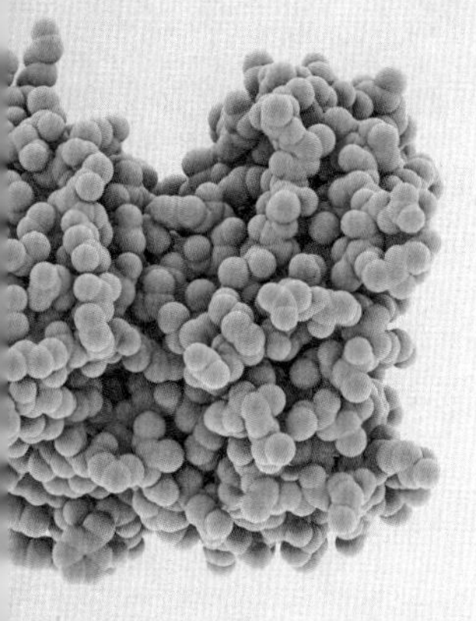

发光微生物『多边舌甲藻』的荧光素酶分子模型

2. 发光蛋白系统。它不需要酶和氧，而是用发光蛋白。钙离子与发光蛋白结合后，就释放二氧化碳并发出光来，某些水母就是这样发光的，其好处是在无氧环境下也能发光。

感谢现代科学！我们终于知道，这些"海错"能发光，不是因为它们是"火之渣滓所生"了。

致　谢

本书写作中，承蒙多位好友相助。厦门的朱家麟老先生为我讲解了舌鳎、濑尿虾的野外习性。同事林语尘帮我询问到了福州话里“蠘”的发音。鱼类达人罗腾达与我探讨了多种海错图物种的原型。螃蟹爱好者青蟹君、张旭与我探讨了石蟳的真身。厦门大学曾千惠为本书拍摄了海萤显微照片。科普界前辈王辰提供了“上蜃三影”等海市蜃楼资料。摄影师南粤荒野、朋友昆少、中国国家地理·地道风物团队帮忙拍摄了禾虫图像资料。王聿凡制作并拍摄了“鲞鹤”标本。星空画家徐刚绘制了东方苍龙星象变化图并给出宝贵的分析意见（国家天文台张超先生亦有重要帮助）。北京南海子麋鹿苑郭耕老师为我讲解了麋鹿挑草习性。语言学达人付文超为我讲解了古汉语音韵学。厦门大学曾文萃、福建农林大学汤蔚、上海海洋大学刘攀、网友“@想取个名字很短很短的”均为飞蚶的标本提供、种类鉴定给予了重要帮助。贝类学者何径提供了大蚬、金刚螺、青蚶的标本。好友柳永山帮我询问了鲨鱼皮具情况。朋友林晟向我提供了厦门市场的鲨鱼情况。好友严莹带我去深圳海边考察。溱湖蟹商田怀海帮忙找到了蟹篨的重要资料。大连的张伟昌送给我含有豆蟹的牡蛎。家人对我的写作亦全力支持。本书部分照片由张帆、董克平、王宽、陈奕宁、白冰洋、王辰、张旭、唐志远、梁志咏、王聿凡、曾千惠拍摄，部分科学手绘由青川、李李、郑秋旸、孟凡萌绘制。向各位朋友一并致谢。

图　片

供图者

白冰洋：232；陈奕宁：49、231；董克平：87；郭耕：239；何径：173上左；李李：16下、18；梁志咏：182、185；孟凡萌：40、119、225；青川：16上、30、31、56下；苏义：63；唐海盛：6；唐志远：17下、19、69右、72右、156上、195、197；王辰：144上；王聿凡：98；徐刚：65；曾文萃：170下；曾千慧：250下；张辰亮：17上、17中、21、35下、96、99、104、106、108、124、125、138、143、145右、146上148、149、154、155下、157上、157下右、168下、169、170上、172下、173上右、178左、180、181上、193、228下、229、240、251上；张帆：32；张旭：144下、156下；张瑜：53；郑秋旸：75下、78、79、82下、107、116上、117下、207上、216、220左；朱锐：121

图库

达志：20左、33、34中、34右、35上、38、42、44、54右、58、62、68、70上、71、75上、103右、105、117上、135、146下、147右、153、159下、168上、171右、179下、181下、186、187、190、191、192下、194、196上、207下、214上、218左、219、221下、224、241、244、245、249、251下、252、253；FOTOE：211；高品图库：20右、39、41上、43、45、215、226、227；全景图库：25、26、41下、103左、128、134、155上、157下左、163、178右、205、206、208-209；图虫创意：54下左、192上；视觉中国：70下、82上、84、85、86、89上、89下、95、137右、147左、203、210、214下、218右、228上、237、238、248、250上

图书在版编目（CIP）数据

海错图笔记. 叁 / 张辰亮著. -- 北京 : 中信出版社, 2019.10（2019.10重印）
ISBN 978-7-5217-0867-7

Ⅰ. ①海… Ⅱ. ①张… Ⅲ. ①海洋生物—普及读物 Ⅳ. ①Q178.53-49

中国版本图书馆CIP数据核字(2019)第158973号

海错图笔记·叁

著　　者：张辰亮
策划推广：北京地理全景知识产权管理有限责任公司
出版发行：中信出版集团股份有限公司
（北京市朝阳区惠新东街甲4号富盛大厦2座 邮编 100029）
承 印 者：北京华联印刷有限公司
制　　版：北京美光设计制版有限公司

开　　本：710mm×1000mm 1/16　　印　　张：16　　字　　数：200千字
版　　次：2019年10月第1版　　印　　次：2019年10月第2次印刷
广告经营许可证：京朝工商广字第8087号
书　　号：ISBN 978-7-5217-0867-7
定　　价：78.00元

版权所有・侵权必究
如有印刷、装订问题，一律由印厂负责调换。
服务热线：010-87110909
投稿邮箱：author@citicpub.com